Angelmama's Handmade soap

# 天使媽媽的
# 創意幸福手工皂

天使媽媽—著

Angelmama*

## 序

在翻開書之前,首先我要先感性一下,從小我身體裡就住著一個手作魂,手上總是有紙張、膠水或是黏土等正在進行創作中,不管製程如何,成品好壞,每件作品的誕生都能讓我非常滿足且一再回味手創的樂趣。

因家裡做生意關係,需經常接觸人群,小時候媽媽總在客人面前讚許我的創作能力。或許如此,讓我更有十足信心繼續去尋找創意的新動力。

因為有愛,才有手工皂的誕生

接觸手工皂是因小孩的皮膚問題而開始,從簡單的油品調配開始到玩出興趣來,加上喜歡種花草的父親支持下,總會分享他種的花草與作物,像書裡的老薑浸泡油、紫蘇、蘆薈……等,總讓我能滿心歡喜的投入研究與期待手工皂熟成的過程。除了家人的支持與幫助外,我的學生們也是陪著我一起在這個皂界繼續努力的動力與成長。

我喜歡大家叫我天使媽媽,一直很喜歡 Angel 這個英文名字,有了孩子後開始記錄生活點滴與分享製作手工皂的快樂心情,這個溫馨的暱稱就油然而生了。當然,妳也可以直接叫我天使。光聽到這個名字,是不是有種光環撒在身上呢?

因為愛,我投入手工皂的研發,就像這本書,從素皂、渲染到造型蛋糕皂、花藝皂,是我學皂一步一腳印的過程。這一路走來,家人的確是成為我最深層的鼓勵與前進力量。現在有了自己工作室後,我依然沉浸在當年鼓舞的心情中,還有學生們的熱情支持。
感謝每一個非常支持我並給予幫助的家人與朋友們,現在請跟著我,加入愛家行列,一起做手工皂吧!

CONTENTS

# 手工皂的 4 大好處，
# 美顏又健康

用過手工皂的朋友，一定會喜歡上那種細緻的泡沫以及柔潤的洗感，絕不會因過度清潔而使肌膚乾澀，或是因過度滋潤而感到黏膩。還能針對個人的需求，運用油性的特質，調配出適合全家膚質與清潔用途，享受「創皂」的樂趣，這些可是用一貫機器生產的市售香皂所無法比擬的。

手工皂不難做，難是難在了解油品的特性與配方之間的相互關係，和需要花時間去等待皂的熟成，這對一切講求快速的生活步調中，需要克服耐心等待的困難。

然而，一塊不含防腐劑和人工化學藥劑的手工皂，的確是能讓肌膚恢復健康，同時也能友善對待我們的生活環境與生態。這樣看來，自己動手做手工皂，可是有很多好處的哦，以下我們簡單規納了四大好處：

## 好處 1
### 成分天然，保護生態環境

手工皂具有清潔能力，主要是因含有天然活性介面特質，能將油水同時清潔乾淨。而一般市售的清潔用品，為了讓洗感更好，泡沫更多、味道更宜人，不得不逐一添加可以讓產品看起來好看，或能產生很多泡沫的發泡劑等等，好迎合市場需求。

這些添加物，或許來自天然萃取，但也很可能含有無法被分解的石化產品，再經由洗滌殘留在肌膚上也流入河川中，日積月累都會慢慢傷害我們的肌膚與環境。手工皂的製造過程，從挑選油品、精油、添加物都講求成分天然，一旦基本素材選好了，就不用擔心化學成分殘留，遇水能自然中和分解。不傷害水源，負擔變少了，便不易造成環境污染。這也是近年來，致力推廣手工皂的堅持吧！

## 好處 2
### 低溫製皂，感受保濕的滋潤洗感

手工皂的製作雖有「冷製」、「熱製」兩種，但大部分在家製造都以「冷製法」為主，主要是可以保存原料中的養分；像是加入乳製品或浸泡油所製作的手工皂，就能體驗到乳品帶來的滋潤質感和浸泡油散發出的獨特特質，感受不乾不澀，洗完不會癢的滑順的洗感，更讓肌膚恢復光澤與健康。

手工皂的魅力要洗了才知道，雖然有人聲稱療效是有點誇大其詞，但只要了解油脂的特性與配方之間的優點，就能針對每種不同的膚質做調配，像是椰子油少一點，橄欖油多一點，再加點抹草、芙蓉粉製成「古早味平安皂」，洗起來很安心，羊乳的滋養、豆漿的滑潤；對於調理肌膚的功能也相當有助益哦。

就算不添加任何添加物，照樣能享受手工皂的滋養觸感。來吧，試著戴起手套調製一個適合全家人的肌膚配方和充滿幸福洗感的手工皂吧！

**好處 3**

天然，無毒的親膚皂，最佳伴手禮

在動手製皂的過程中，要挑選油品計算配方再調節溫度慢慢攪打，最後入模、保溫、脫模、晾皂，以時間和觀護的心情等待著，終於可以能將每塊皂封裝起來啦。雖是日常，但期間所付出的耐心和愛心，成就出健康又天然的每一塊皂，有無法衡量的滿滿心意，希望收到的人能投以好用的回應，自家人會追著你問，下次晾皂是什麼時候？這樣地肯定，也滿足了每個手作人的心。

**好處 4**

享受攪皂的魔法 DIY 樂趣

手工皂最大的樂趣，是在自製的過程中，享受在油品與油品之間的比例調配與加入香味的融合之中，多一滴則太香，少一滴則乏味的神奇魔法。其感覺，慢慢累積經驗，調整出自己最愛的完美洗感。

除了素皂外，經由色彩與液態的流動所創造出來技法與變化，更是一大樂趣。像是線條的變化、層次的堆疊，還能創作出不同擬真的造型，不能吃也要滿足視覺的甜點皂，輕易收服每個人心的擠花皂，就如一場華麗的演出。

這樣有趣多變的手工皂，難怪一跌入皂圈內，就再也出不來了，這就是具有魔法般 DIY 的「製皂」樂趣。想要簡單的素皂，還是玩玩炫技的拉花渲染皂，最後想挑戰高難度的擠花或是點心蛋糕皂嗎？

現在，就等你一起來，來攪一鍋充滿「洗」感的手工皂囉！

# Part 1

## 動手製皂前的預備動作

# 認識製皂三大要素

自製手工皂,主要是透過油脂與鹼水混合的過程中,而形成的皂化反應結果,經固化、熟成程序後,產生對肌膚具溫和鎖水功能的甘油和具有清潔肌膚功能的皂。

簡單的說製皂的必備三大主角就是:

油脂 ＋ 氫氧化鈉 ＝ 肥皂
（＋液體溶解）    ＋
甘油

（皂化反應）

## 第一要素：氫氧化鈉 (NaOH)

氫氧化鈉，又稱苛性鈉、苛性蘇打，呈白色薄片狀或顆粒狀，屬於強鹼，腐蝕性很強。遇水會釋放出大量的熱氣及刺鼻的味道。因此操作時，請務必戴上口罩，場地必須通風，溶鹼的容器，最好不要使玻璃容器，選擇能耐酸、鹼的容器較為安全。

## 第二要素：水分

水是幫助油脂與鹼完全結合的媒介體，製皂時的水分通常以使用配方的鹼量 2 倍到 3 倍都可以，並且要以純水或過濾水為主。倘若水的硬度過高或含有礦物質或無機物時，是很容易使皂氧化，產生質變。

當然，也有許多人喜歡以果菜汁，花茶，咖啡，牛奶，羊奶，母乳等液體來取代水分，或水一半、其他液體一半混合使用，全看自己需求來做調配！

★小提醒：水量的多寡會影響到晾皂時間的長短，與成皂的軟硬度。

## 第三要素：油脂

油脂是手工皂最重要的主角，也是決定手工皂特性的主要關鍵。一般油脂主要分成天然植物油與動物油，在常溫下呈現液體狀稱之為油，若呈半固態或固態狀稱為脂。

每種油脂雖都有其特質，但以環保及天然做為出發點的手工皂，在製作上還是以天然植物油為主吧。如起泡度與清潔力很好的椰子油，搭配可增加硬度的棕櫚油，或具高保濕力橄欖油、乳油木果脂等，只要掌握好基本的配方組合，再以自己需求調配比例，就能製作不同膚質又好洗的皂款了。

# 好想玩，快來準備製皂工具吧！

動手製皂，先不用急著買一堆容器和工具。不妨檢視一下家中有那些多出來的器皿。像是不用的鍋子，打蛋器、牛奶紙盒……等，利用手邊隨手可取的工具試試，等玩出興趣來了，再隨自己所需逐一添購，慢慢掉入皂坑。體會玩皂的樂趣。

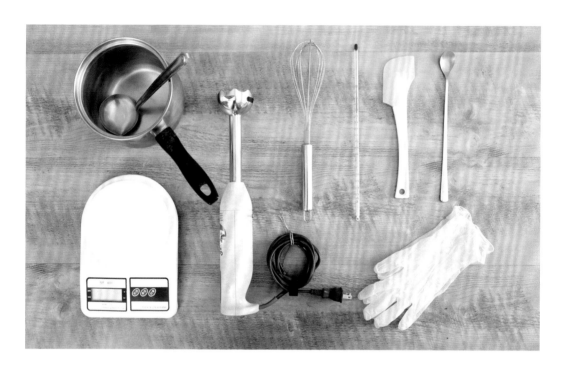

## 1. 測量工具

A ．304 不鏽鋼鍋：

　　製作手工皂時，會使用強鹼來混合植物油，若以一般材質的鍋具，如鋁、鐵會與鹼產生化學反應，影響皂的品質，而一般玻璃容器則容易破裂。所以，不鏽鋼鍋的材質最適合了，而且建議使用食用級的不銹鋼鍋。盡量準備一個約可容納 1000cc 皂液的深鍋，其底部最好沒有死角或底紋，才能在打皂時均勻的打到每一個角落，並避免攪拌時皂液容易濺灑出來。

　　接著可再準備一個可用來溶鹼液的不鏽鋼杯（可附蓋子），做為量杯之用，可用於調和鹼液使用，蓋上蓋子可避免吸入鹼液所產生的氣味，且及防止攪拌時濺出。

B ．量杯：

　　一般建議可以準備 1 ～ 2 個量杯是具有「PP」♲ 材質，容量約在 500 cc左右，才能耐酸鹼與高溫的容器。其杯子外緣最好有 cc 刻度，可用來測量水量與用來做為皂液調色或精油、藥草等其它原料的添加之用。

C . 電子秤：

　　用來量秤原料用，感重度數最少 1g 的範圍內。精準的測量是製皂很重要的關鍵，若在製作的過程中，比例上的調配分量落差太大，可是會大大影響到皂的成果哦。

## 2. 攪拌工具

### A. 打蛋攪拌器：

　　打皂時，用來混合油與鹼的攪拌動作，是一個非常重要的步驟。一般攪拌工具可分為「手動」、「電動」兩種，手動攪拌器的大小及形狀皆可依個人使用習慣做挑選，在材質上也以耐酸鹼的不鏽鋼為主。電動攪拌器，會省去長時間的攪拌。不過，卻容易在使用時，不小心使皂液四處飛散，也容易因打入過多空氣和加速皂化的速度去影響皂的品質。所以，建議初學者可以先以手動為主，以電動為輔，自己體驗看看享受打皂的樂趣。

### B. 長柄湯匙：

　　用來做為調和鹼水與攪拌添加物使用，最好能準備兩隻以上的不鏽鋼匙。一隻用於溶鹼與降溫時使用，不用取出來，另一隻可用來調和油品及攪拌其它輔助材料等用，才不會混淆。

### C. 溫度計：

　　一支夠用，兩支最好。主要可用於量油溫與鹼液的溫度。挑選 0 ～ 150 度的溫度計就可以囉。

### D. 刮刀 ：

　　烘焙用的橡皮刮刀。通常用來將鍋子剩下的皂液刮乾淨。或在渲染時做拉花與分層皂的輔助工具。

## 3. 穿戴保護物品：

### A . 塑膠手套：

　　能保護雙手在打皂的過程中，不會直接接觸到具有強鹼的皂液。若不小心被鹼液或尚未皂化完全皂液噴到皮膚時，會產生刺痛感，得盡快沖水洗掉。在挑選手套的材質，可選有醫療等級的塑膠手套較為服貼，一般常用的家用手套也可以，就是別選手扒雞那種沒有彈性或是棉布手套。

### B. 口罩

　　氫氧化鈉和水混合時會產生難聞的氣味，所以必需在通風處操作；而帶上口罩能隔離氣味帶來的不舒適感。另外，護目鏡就看個人需不需要囉！

### C. 圍裙：

　　圍裙是保護衣服不被弄髒及被鹼液所波及。

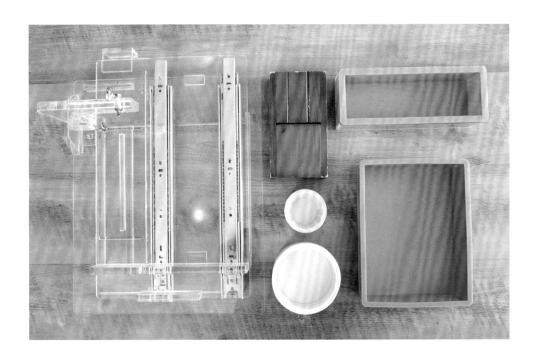

## 4. 定型切皂工具

### A. 容器模型：

市售的矽膠模具種類繁多，可用來決定皂的成品是以何種風貌呈現。只是需提醒，皂模的材質良莠不齊，購買時要特別注意。家裡的牛奶紙盒、布丁盒、密封盒也可以做為皂模。

初學者不妨先買一個矽膠吐司模做為盛裝之用，做素皂或是用於渲染皂都很適合，重點還容易好脫模。省時又省力。

### B. 保溫箱：

在皂化的過程中，做為保溫及使皂化能繼續進行，一般以保麗龍箱再加毛巾為基本配備，而保溫袋也可以拿來使用哦。

### C. 切皂工具器：

做為切皂使用，一般家用刀子或是切蔬果的波浪刀、切麵團的專用切刀都可以。但專用的切皂工具，能製定規格化的尺寸，端看個人的需求了。

## 加價購：

### PH 值試紙：

用來測量手工皂熟成後的香皂酸鹼值，一般手工肥皂正常的 PH 值介於 7～9，超過 9 就會傷害我們嬌嫩的肌膚，就不要使用。

### 修皂器：

想要一塊大小適中，且花紋能漂亮呈現，那修皂器就有必要存在。若是走自然派的，那修皂器就可以不用先急著買。

### 加熱爐：

有些硬油必需先加熱才能使固體變成液態油。當所有配方都量秤好之後，若有固態油脂則必需先加熱至液態油之後才能打皂。

【天使媽媽的小叮嚀】

製皂前的鹼液是具有危險性的強鹼。所以在使用上，最好和家中的食用性的工具分開存放，就不用擔心鹼液殘留的問題。

# 一看就會的
# 基本製皂流程與技巧

製皂不難，只要掌握好流程與技巧，以不慌不忙的速度慢慢攪皂與入模，再用時間換取皂化的轉變。脫模後的切皂、晾皂，讓滿室的芬香療癒心情。這些簡單的基礎流程，只要7個貼心小動作，就能完成質地細滑的好皂哦！

---

**基礎流程 1**

做好防護措施

　　秤量氫氧化鈉的用量及溶解時，強鹼會產生刺鼻的氣味。所以手套、口罩、圍裙再加上護目鏡和報紙，就能做好全面防護措施。

---

**基礎流程 2**

測量油脂、氫氧化鈉、水

　　根據配方，將油脂、氫氧化鈉、水秤好用量。建議以不鏽鋼容器盛裝。量秤油脂最好先以固體油為先，可用隔水加熱法慢慢讓油溶解再加入冷油，這樣的做法可用來控制油溫，也不會讓冷油的營養流失掉。

## 基礎流程 3

### 溶解氫氧化鈉

溶解氫氧化鈉，**到底是將水倒入氫氧化鈉？還是氫氧化鈉倒入水中？**其實這兩種作法都各有擁護者，端看自己習慣選擇操作即可。只是不用管是選用那種方法製作鹼水，動作都不可太大、太急。

當水鹼一旦混合，鹼液溫度會急速上升至 80 ～ 90 度，並產生刺鼻氣味，因此一定要保持距離，充分攪拌，以免氫氧化鈉凝結成硬塊，使鹼水從乳白色變成透明的

水狀。直到鹼液降至 40 ～ 50 度左右即可。

若鹼液靜置一段時間，表面會有粉粉的白色薄膜，要倒入油品前可先攪拌使其化開，若量多也不好溶解時，也可直接過濾撈掉。

## 基礎流程 4

### 調合油脂與鹼液

當油溫和鹼水的溫度都下降到 40 ～ 45 度上下，就可以將鹼水慢慢加入油脂裏，開始攪拌。前 15 分鐘需不能停的攪拌，15 分鐘後，可每 10 分攪一下休息一下，直到皂液變得愈來愈濃稠。

## 基礎流程 5

### 攪拌至濃稠狀態，添加香氛

在混合需要不斷地攪拌，讓鹼液和油脂能充分的混合。攪拌的時間很難控制，尤其像是軟油比例偏高的皂液，如馬賽橄欖皂，就是一場耐力的考驗。累了可以稍做休息。要想獲得一塊質地細緻、耐放不易質變的手工皂，攪拌的動作絕對是關鍵，要攪到皂液不泛油光。

當皂液攪拌至濃稠狀，我們稱之為 TRACE 狀態，此時可以添加精油、粉類……等添加物之後再拌勻。當皂液的反應逐漸變成濃稠時，就要留意攪拌的痕跡。

接著改換矽膠刮刀將鍋邊的殘留的皂液刮下來，並將速度放慢且要將底部的油由下往上充分混合。由於攪拌時會將空氣打入皂液中，所以改用刮刀來攪拌會讓氣泡逐漸變少，減少成皂時會有小氣泡產生。

當皂液成為濃稠的美乃滋狀且不易散開的攪拌痕跡時，就可以用刮刀將皂液完全入模保存了。

## 基礎流程 6

### 入模保溫，晾皂待熟成

快速將皂液倒入模子裡，並使用刮刀將鍋子刮乾淨，入模後要將模子敲一敲，好讓多餘的空氣排出，並使皂液表面平整。這個

時候的皂液仍持續在皂化中，所以放入保溫箱保溫 24 小時，要透過保溫的動作使其進行。若天氣較冷，不妨多放一天再取出脫模。

## 基礎流程 7

### 脫皂，切皂

從模型中取出，要切要晾，就在此時，然後將皂晾在乾燥不受日照的地方靜置熟成 4 ～ 6 週。

**天使媽的小教室**

- Light Trace 是輕度的濃稠程度，看起來像玉米濃湯
- Trace 是最剛好的濃稠程度，看起來像是美乃滋
- Over Trace 是過度濃稠程度，看起來像是馬鈴薯泥

　　如果要使用小幫手直立式攪拌器，建議前 15 分鐘打皂還是使用手動攪拌，之後觀察狀況後在使用電動攪拌器，因為有些配方其實 TRACE 速度很快，不需要用到電動攪拌器就可以完成，有時使用電動攪拌器會使溫度上升皂化也較劇烈，皂液很快變濃稠，之後入模也比較不好入模。

　　Trace( 油鹼融合 ) 所需要的時間會因為油脂的性質而不同。一般來說，大概需要 40 分鐘～ 1 小時的時間，如果時間過了很久還不 Trace( 油鹼融合 )，而且皂液漸漸冷卻了，可以隔水加熱一下再繼續攪拌，或是在這時直立式攪拌器攪拌一下，讓它快點Trace( 油鹼融合 )。

【天使媽媽小提醒】

製作鹼液的注意事項：

1. 保護措施要做好，手套、圍裙、口罩或護目鏡做加強。

2. 製皂時，最好鋪上舊報紙或大塑膠袋，避免皂液濺出。

3. 萬一不小心，濺到眼睛或誤食時，請灌大量的冷水後請馬上送醫急救。

4. 要在通風的地方進行，避免寵物或小孩接近，並將鹼表示為危險物品，放在安全的地方。

5. 千萬別使用鋁，鐵，銅等容易被侵蝕的容器製裝鹼液。

6. 保持室內空氣流通，或在廚房抽油煙機底下混和水與鹼，直到沒有冒煙才將抽油煙機關掉。每次製造手工皂時都要注意這些事項，千萬別大意。

# 調出自己最愛的專屬配方

自製手工皂的好處在一開始就提到了,其中最愛的就是可依自己的膚質、洗感及香味去調配專屬的皂體。這些關乎到我們所選的油品不同,呈現出皂的質地也會不同,所以學會自己算比例,是很重要的哦!因為這可是獨一無二,外面市場買不到的哦!

我們都知道**皂是由「油+鹼+水」**所產生。而每一項的油品都有不同的皂化價與軟硬度的特質,需要自己算出平衡點。一般市售的馬賽皂配方,以高比例的軟油為主,以致於皂一遇水就會軟滑。而百分百的家事皂,其硬度可是會讓你顛覆手工皂的印象。而如何調配出軟硬適中的手工皂,就自己動手算看看囉!

## 做皂的第一步,先來計算配方比

雖然網路的計算方式很方便,但自己學會計算總能應付突發狀況。此次先設定製作手工皂的份量再選定油品後做計算,備好紙筆和計算機囉。

例如:假設此次製作的油品為 1000(公克)

油脂的百分比計算方式＼

油的總量 X 油脂的比例 = 該油品的重量

椰子油 18% → 1000 X 0.18=180

棕櫚油 22% → 1000 X 0.22=220

橄欖油 60% → 1000 X 0.6 =600

### 鹼量的計算方式＼

該單一油品的重量 X 該油品的皂化價（即 A 油重 X A 油的皂化價＋ B 油重 X B 油的皂化價＋ C 油重 X C 油的皂化價⋯⋯以此類推）＝所需鹼量。以該 700 g 配方來算，分別使用 180g 椰子油、220g 棕櫚油及 600g 橄欖油來算，則該配方的氫氧化鈉用量如下：

600g 橄欖油 X 0.134（橄欖油皂化價）＋ 180g 椰子油 X 0.183(椰子油皂化價)＋ 220g 棕櫚油 X 0.141（棕櫚油皂化價）

鹼量加總＝80.4 ＋ 32.94 ＋ 31.02 ＝ 144.36 ≒ 144 (g)

### 水量的計算方式＼

算出油脂和鹼量之後就可以來算出水分囉，一般我們都是以鹼量的用量 X 2.3 ～ 2.5 倍的水量。

以剛剛算出的鹼量 144 X 2.4 倍＝ 345.6 即為總水量 ( 約取 345g)

　　如何製皂一塊軟硬適中的皂體，就要從軟硬油的比例下去調整，從公式上算一算自己的配方是不是在理想的軟硬度內。值越低，皂就愈軟（120 ～ 170INS），有些手工皂洗起來雖然滋潤卻容易遇水變軟爛，但像家事手工皂，因含硬油成分較高，所以皂體硬度高不易軟爛，當然想要皂的滋潤多一點，軟油的比例就會高一些。建議在使用手工皂時，最好將皂放在瀝水性良好的皂架上，是可延長使用期哦！

### 硬度 INS 的計算方式＼

硬度 INS ＝（ A 油重 / 總油重）X A 油的 INS ＋（ B 油重 / 總油重）X B 油的 INS ＋（ C 油重 / 總油重）X C 油的 INS⋯⋯以此類推）

(600g/1000) X 109 ＋ (180g/1000) X 258 ＋ (220g/1000) X 145
＝ 65.4 ＋ 46.44 ＋ 31.9 ＝ 143.74

　　不錯哦，這塊含有 60% 橄欖油的手工皂，其硬度很好，不會軟糜。將配方計算好，接下來就可以依個人喜好添加精油和有色礦泥粉或花草等添加物，一起來玩皂囉。

# 挑選油脂，
# 調製好洗的手工皂

製造手工皂，最重要的就是油脂成分。基本上一般只要具備椰子油、棕櫚油、橄欖油這 3 種油品，就能攪打出一款好洗的手工皂。不過，為因應每個人不同的需求，會隨著配方不同的油脂成分比例和添加物，產生對應各種膚質的特性。

想要潔淨力強一點、泡沫多一點或是保濕度高一些，滋潤度好，那就得先了解油品的特性。這也是攪皂好玩的地方，依自己的需求做調配，最後再透過洗感找出屬於全家人最佳的黃金配方！

# ◀製造出厚實、不易變形，泡沫溫和的油品特性與用量▶

| 油品名稱 | 參考特性 | 建議用量 |
|---|---|---|
| 椰子油<br>Coconut Oil（硬油）<br> | 富含飽和脂肪酸，無色無臭，滲透性高，氧化速度慢能長期保存，冬天於攝氏 20℃以下會呈現固態，可隔水稍微加熱使之融化。<br>能做出洗淨力強、泡沫多、顏色白且質地硬的皂。只是洗起來會有乾澀感，所以分量不宜過高。 | 0~10% 乾性膚質<br>10~20% 中性一般膚質 / 乾性髮質<br>20~30% 油性膚質 / 乾性髮質<br>30%~40% 中性髮質<br>40%~50% 油性髮質<br>50% 以上 用於清潔家事 |
| 棕櫚油<br>Palm Oil<br> | 又稱為精緻棕櫚油，由棕櫚果肉中取得的植物脂肪油，富含棕櫚酸及油酸。因此油質安定不易氧化變質，保濕性不差，可做出溫和堅硬、又厚實的皂。<br>缺點是，成皂的起泡力不強，常與椰子油搭配使用。同樣屬於硬油會呈現固態，可隔水稍微加熱使之融化。 | 10~40% 比例越高皂越厚實<br>10~20% 為夏天建議用量，因為洗澡用較溫冷的水洗，比例高會有包覆感。冬天洗熱水較無困擾。 |
| 紅棕櫚油<br>(Red Palm Oil)<br> | 直接以鮮紅棕櫚果肉壓榨而出成的未精製油脂，除了具有棕櫚油的特性外，並含由高含量的 β- 胡蘿蔔素，所以會呈現紅棕色，也是天然的調色劑，使其製造出的手工皂呈現亮橘色，加上本身含有大量的抗氧化物質維生素 E，對於修復傷口或粗糙的肌膚有很大效用的。 | 用法同棕櫚油<br>較不易溶於水，因此做出來皂硬度較高，且不易變形。 |
| 棕櫚核仁油<br>Palm Kernel Oil<br> | 從棕櫚果核中提取而成的油脂，大多為白色或淡黃色油狀液體，其油性與椰子油相似，同屬月桂酸類的油脂，但它的油酸和亞油酸含量比椰子油高，其脂肪酸的碘價和凝固點都較椰子油高，可增加肥皂的泡沫及溶解度，做用也比椰子油溫和與滋潤。是集椰子油和棕櫚油二者的優點，營養成分較棕櫚油高許多，卻能避免椰子油對肌膚的強力清潔力，但卻能保有手工皂的堅硬度。 | 0~10% 乾性膚質<br>10~20% 中性一般膚質<br>20~30% 油性膚質 |
| 白油<br>Vegetable Shortening<br> | 以大豆等植物提煉而成，呈固體奶油狀，可以製造出泡沫穩定、硬度高，且厚實又溫和的手工皂。一般也可在烘焙店購買。 | 建議用量 10-20% |
| 可可脂<br>Cocoa Oil<br> | 在製作巧克力和可可粉過程中自可可豆抽取的天然食用油，帶有一股香香的巧克力味道，在常溫下顏色呈現略為淺黃的固體油品。可增加手工皂的硬度及耐洗度，對皮膚的覆蓋性良好，具有高效能的的滋潤與保濕效能，還能代謝老化角質使肌膚柔軟恢復彈性，是製作冬天保濕皂不可或缺的油品。 | 建議用量 10~20%<br>如果對巧克力過敏的人建議不要使用可可脂。 |

| 油品名稱 | 參考特性 | 建議用量 |
| --- | --- | --- |
| 乳油木果脂／雪亞脂<br>Shea Butter<br> | 由果仁提煉出來的油脂,略帶淺米黃色的固體奶油質感。因為含有豐富的維他命 A 和 E,極具調整皮脂分泌,抗炎與修護肌膚。最適合嬰兒及過敏性皮膚的人用。防曬作用佳,亦可緩和、保護及治療受日曬後的肌膚。<br>若和一般較具滋潤效果的油品搭配,則可製成乳霜、護唇膏等常用保養品。 | 建議用量 10~30%<br>當作超脂使用時,比例約5%~10% |
| 蜜蠟<br>Bees wax<br> | 又稱蜂蠟,是蜜蜂體內分泌物的脂肪性物質,用來做為蜂巢隔間用。蜜蠟加溫後不會產生丙烯醛,且曝曬於陽光下或空氣中也不會腐壞,因此具有輕微防腐性及保濕功效,可軟化、舒緩敏感或乾裂肌膚,但對皮膚效用不大,製皂時加入可以增加硬度。 | 建議用量 3~5% |

## ◀製造保濕度好、具滋潤度的油品特性與用量▶

| 油品名稱 | 參考特性 | 建議用量 |
| --- | --- | --- |
| 橄欖油<br>Olive Oil<br> | 含有高達 70% 以上的油酸和豐富的維他命 E、礦物質、蛋白質成分,深具滋潤、保濕、及修護肌膚的功能。尤其特別的角鯊烯(sgualene)成分,是一種天然的抗氧化劑,能製作出泡沫細小持久適合嬰兒和乾性肌膚的手工皂,也可製成防曬油或護髮油之用。<br>橄欖油基本上有 Extra virgin、精製橄欖油、橄欖渣油等三種等級。Extra virgin 等級最高帶有淺綠色,含有的營養成分也最高。只是攪皂要花更多時間,所以一般選用精製橄欖油(virgin Pure)等級就可以享用滋潤又好用的手工皂囉。 | 10~100%<br>雖然清潔力不佳,但卻能製造出非常滋潤的手工皂。比例越高肌膚溫和度越好,缺點為硬度不高,容易遇水就軟糜。<br>建議用量:10~100% |
| 山茶花油 / 苦茶油<br>Camellia Oil | 有東方橄欖油之稱。日本稱之為『椿花油』是經由山茶花種子以壓榨法取得的植物油。<br>具有高單元的不飽和脂肪酸,含豐富之蛋白質和維生素 A、E 等,使它成為高抗氧化劑、有抗衰老之功效。<br>由於含有與人體皮膚所含相近的油酸成分,不會阻塞毛孔,還能形成一層保護膜,保水同時具滋潤作用,減少皺紋形成。茶花油還有不錯的防護紫外線,因此也很適合用於洗髮護髮之用哦! | 比例越高肌膚溫和度越好。花籽油屬軟性油脂,起泡少、滋潤度高,洗感較為清爽。<br>建議用量:10~72% |

| 油品名稱 | 參考特性 | 建議用量 |
|---|---|---|
| 月桂果油<br>Laurel Berry Oil | 未經過精煉能看到明顯沈澱物，且帶有一股濃郁藥草味的月桂果油。由於具獨特的分子結構，其中的脂肪酸包括約 30% 月桂酸、26% 亞麻油酸、22% 油酸及 15% 的棕櫚酸，尤其月桂酸和棕櫚酸的飽和脂肪酸就佔了 45%，因此配上橄欖油即可做出一塊堅硬、泡沫豐富、好洗的阿勒頗古皂。清潔力強、泡沫豐富。能平衡身心，調節體質的敏感肌、乾燥肌用於洗面專用皂都相當適合；亦可改善暗瘡皮膚。 | 基於富含月桂酸成分，清潔力也不錯，其配方濃度不宜太高，免得反過來刺激皮膚。<br>建議用量：30% 以下 |
| 芝麻油<br>Sesame Seed Oil | 不同於食用級芝麻油，沒有經過高溫炒焙，顏色和香味較為清淡，但卻保留所有的營養成分。具有豐富脂肪酸、天然維他命 E 和芝麻素，具有強力的抗氧化物質，並避免肌膚免受紫外線傷害。適合乾性與超熟齡肌膚。<br>芝麻油中其脂肪酸成分中油酸占 40%~50%、亞油酸則有 45%~50%，安定性極佳，耐久藏。保濕、滋潤性都好。能促進血液循環，對頭皮及頭髮的保養也很好。 | 洗感清爽的皂，夏天用或油性肌膚、面皰用來都很有洗感。建議在比例高時搭配硬油以提高硬度。<br>建議用量：10~50% |
| 榛果油<br>Hazelnut Oil | 由果實中萃取而得的油脂，含有高量棕櫚油酸，各種礦物質、維生素 A、B_1、B_2、D、E、卵磷脂和蛋白質，油質穩定性高且清爽，滲透力非常好，有效防止老化，促進肌膚再生，能迅速防止水分流失，有優異持久的保濕力，可代替或搭配橄欖油使用。適合各種類型的肌膚，特別是油性膚質、毛孔粗大者，有收斂、淨化肌膚的功效。 | 泡沫細小、滋潤度高。適合與甜杏仁油或是澳州胡桃油搭配使用。<br>建議用量：10~80% |
| 米糠油<br>Ricebran Oil | 由糙米中的米糠經壓榨提煉出，含有豐富的維他命 E、蛋白質、維生素等物質與小麥胚芽油很類似，但因分子小較易滲透到皮膚中，清爽不油膩，能活化肌膚吸收紫外線、防止油脂氧化變質，以及阻止黑色素的生成，多用於防皺抑制肌膚細胞老化及美白和防曬功能。 | 起泡佳，洗感清爽溫和，可替代小麥胚芽油使用。<br>建議用量 20% 以下。 |
| 蓖麻油<br>Castor Oil | 是由蓖麻籽壓榨而成的，又名草麻子或是紅大麻子，為透明或淺黃色黏稠液態，含 85%~90% 單元不飽和蓖麻油酸，其黏度很高，吸濕力強，有極佳的保濕效果和舒緩敏感性肌膚。尤其特有的蓖麻酸醇成分，對於頭髮有特別柔軟作用，常被用於洗髮皂添加的配方。 | 蓖麻油也是製作透明皂基的主要油脂。<br>比例過多容易融化軟爛<br>建議用量 0~15% |

| 油品名稱 | 參考特性 | 建議用量 |
|---|---|---|
| 甜杏仁油<br>Sweet Almond Oil | 含豐富維生素A、$B_1$、$B_2$、$B_6$、D、E、蛋白質、礦物質及脂肪酸，具有良好的親膚性，有極佳的緩和、軟化及滋潤皮膚的功能，可以預防肌膚老化及溼疹，對富貴手皮膚有保護作用，很適合乾性、皺紋、粉刺、面皰及容易過敏發癢的敏感性肌膚使用，更適合嬰兒身體按摩。 | 起泡細緻綿密、溫和滋潤，不用刻意添加過高的比例就能感受到良好的護膚效果。<br>建議用量：10~30% |
| 酪梨油<br>Avocado Oil | 從酪梨果實中抽取，含豐富礦物質、蛋白質、維生素A、B、$B_2$、D、E、卵磷脂及脂肪酸，屬於滲透較深層的基礎油，適合中、乾性皮膚按摩使用，也可柔潤肌膚；酪梨油是製作嬰兒與敏感性手工皂配方的常用素材，做出來的皂很滋潤。 | 起泡度穩定滋潤度高，能製作出非常溫和滋潤的香皂。<br>比例越高肌膚溫和度越好<br>建議用量：10~30% |
| 澳洲胡桃油<br>Macadamia Oil | 又稱為堅果油，其油性溫和不刺激，同時具有很強的滲透力，因此容易被肌膚吸收，在滋潤和保濕上都表現不差，加上棕櫚油酸含量高，延展性也不錯，對於老化的肌膚有很大好的修養助益，保持水嫩明亮的感覺，對於修潤乾燥肌膚，有不錯的效果。 | 保溼力不錯，比例可以自行發揮，比例越高保濕效果越高。<br>建議用量：10~80% |
| 葡萄籽油<br>Grapeseed Oil | 經常溫壓榨而取得，含有高含量具抗氧化的青花素，以及豐富的維生素B群、C、F微量的礦物質和人體必脂肪酸，能抗自由基和保護肌膚中的膠原蛋白，同時減少紫外線的傷害。<br>由於滲透力強，好吸收，因此能增加保濕和滋潤效果，洗後一點也不會乾澀，適合細嫩、敏感性肌膚及暗瘡、粉刺油性肌膚使用。 | 起泡度細少，滋潤度一般。缺點是因為亞麻油酸含量高達約60%，入皂容易酸敗。其次，做出的皂比較軟，所以需多配合其它油脂使用。<br>建議用量 5~10% |
| 向日葵籽油<br>Sunflower Seed Oil | 是從向日葵花的籽裡提煉出來的油脂，具有高成分的維他命E，因此形成天然的抗氧化劑，對肌膚除了具滋潤與保濕之外，對於修護肌膚細胞和改善皮膚搔癢也很有助益。 | 泡沫一般，但滋潤效果不錯。<br>建議用量 5~20% |

# ◀製造對肌膚有特殊功效的油品特性與用量▶

| 油品名稱 | 參考特性 | 建議用量 |
|---|---|---|
| 小麥胚芽油<br>Wheat germ Oil | 取自小麥最營養的胚芽所粹取出來，除了含豐富維他命 E，還有蛋白質、不飽和脂肪酸及多種礦物質，維生素 A、D、B 群等及高含量的亞麻油酸、泛酸、菸鹼酸等 具有優越的抗氧化作用，其中 V E（即生育酚）是優質 潤膚劑，可保護細胞膜提供肌膚所需養分，能促進修復 肌膚再生，針對乾燥、缺水、老化的肌膚極有幫助，亦 能減少皺紋與青春痘所留下疤痕。是搭配植物精油甚佳 的基礎油。 | 洗感清爽，起泡度不 錯，能增加保濕力和 柔滑質地。<br>建議用量 5~10% |
| 玫瑰果油<br>Rose Seed Oil | 從玫瑰果實 ( 也稱薔薇果 ) 經壓榨而成的油脂，其主要 成分有多種不飽和脂肪酸、果酸、軟硬酯酸、亞麻油、 棕櫚酸、檸檬酸及維生素 A、C、E。能深層滋潤肌膚， 促進細胞活化，提高肌膚防禦力，還能柔軟肌膚、保持 彈性，對於美白、防皺、預防黑色沉澱也有功效，對妊 娠紋亦有極佳效果。<br>適用各種膚質的玫瑰果，特別對改善疤痕、暗沉膚色以 及青春痘等問題有顯著效果。但因亞油酸佔 45%，容易 氧化變質，氧化速度快，是屬於敏感性的植物油。非常 乾燥或老化肌膚可以直接做按摩。 | 適合直接添加在乳霜 或按摩油中使用，一 般肌膚使用約 10% 即可，質地較為黏 稠，需搭配質地較清 爽的油品使用。<br>建議用量 5~10% |
| 月見草油<br>Evening Primrose Oil | 月見草也稱做晚纓草，含大量亞麻油酸，能維持細胞的 健康，常用於滋潤肌膚，消除皺紋及鬆弛老化等症狀。<br>月見草油亦富含近 90% 的多元不飽脂肪酸，能改善肌膚 的異常症狀，如舒緩濕疹、肌膚乾燥，同時對於傷口癒 合有極佳的作用，尤其適合臉部、老化、乾燥及易敏感 肌膚皮膚使用，只需一點就有相當的效果，適合直接 添加在乳霜或按摩油中使用。 | 泡沫細少，且因亞麻 油酸佔 60~70%，很 容易氧化。<br>建議用量 5~10% |
| 荷荷芭油<br>Jojoba Oil | 是一種沙漠的野生植物，被冠「世界油料之王」之稱， 其穩定性高能耐高溫不易腐壞，加上含有豐富的蛋白質、 礦物質、膠原質，維生素 D、E 成分極具親膚性，能在 肌膚形成一種保濕薄膜，鎖住水分，增加彈性與光澤， 能防止老化卻不會阻礙肌膚呼吸，因此能改善發炎、濕 疹、面胞等問題肌膚，預防皺紋與軟化皮膚。<br>荷荷芭油是最接近皮膚組織中膠原質的植物油，用於按 摩可改善皮膚病、風濕、痛風、關節炎，用於護髮可使 頭髮柔軟、光滑，預防分叉，調理油性髮質，是最佳的 頭髮用油。 | 泡沫穩定，也常被用 來製作洗髮皂。<br>建議用量 10~20% |
| 印度苦楝油<br>Neem Oil | 由苦楝樹萃取而出，帶有一種苦澀味，卻是一種含有相 當好的印楝素成分，對於止癢、抗消淡有不錯的舒緩作 用。由於具有強效的抗微生物活性，有殺蟲效果，因此 經常出現在芳療藥典裡，做為處理傷口之用，常用於寵 物皂，有防蟲驅蚊之功效。 | 起泡綿密、滋潤高。<br>建議用量 :10-20% |

Part 2

手工皂的幸福調味品

# 手工皂的四大調味色

為了增加護膚的功效,除了一般的基礎油配方之外,往往會再選擇對肌膚友好的添加物,以期創造出洗感佳又外形繽紛且具怡人香味的手工皂。一般常用在皂體的添加物大致可分為四大類別,大家可以依自己的需求和喜好自己添加。就簡單分類說明吧!

## 色彩繽紛的四大添王

　　手工皂本身，主要以「清潔」為目的。雖然添加物的使用上並沒有太大的限制，但若過程中用法錯誤或是加了不適當的添加物，可是會影響到皂體的品質。

　　想讓皂發揮一份創意，就來發揮小小的實驗精神。

### 調對比例，滋潤好入手

　　添加物到底要加多少？才是手工皂的完美比例？**建議添加物用量約為總油量的 3 ～ 5% 是理想質。**

　　新鮮果汁，則必須用對方法，才不會使手工皂酸敗氧化。

## 1. 漂亮又芬香的花草添加物

　　新鮮的花草，除了有特殊的功效之外，還具有美觀與色澤的變化。以下，我們針對花草的入皂性略為介紹。

- **洋甘菊：**對肌膚有鎮靜及保溼的功效，尤其是對敏感性及問題肌膚有特別的效果。
- **金盞花：**又叫做萬壽菊，具有很高的抗菌，殺菌效果，適合治療問題皮膚，對抗老化也很有效，很適合嬰兒或敏感性肌膚。任何膚質用都很好。

- **薰衣草：**可提高抗菌效果與免疫力，抑制曬傷和肌膚乾燥，同時還具收斂及幫助組織再生，其香味能舒緩精神，常被置於美白保養品當中，或用作日曬後的肌膚緊急呵護保養，防止曬後肌膚黯沉。
- **檸檬香蜂草：**可鎮定精神，放鬆心情，適合敏感性與問題肌膚使用，對容易乾燥的老化肌膚也很有效。

- **玫瑰：**對老化與乾燥肌膚特別有效，因為能保溼及抗發炎，也有很好的鎮靜、安撫、抗菌、醫療及護膚保養價值。
- **迷迭香：**清爽的香味會讓人瞬間醒腦，特殊的香氣具驅蟲、殺菌和抗氧化作用，對促進血液循環，恢復肌膚彈性和收斂毛孔都有不錯效果，適合油性皮膚促進循環。

- **茉莉花**：具有鬆弛、鎮靜、抗憂鬱的效果，並對於潤澤膚色有很好的功效。
- **薄荷**：能疏風發汗、散熱解毒、消炎止癢、防腐去腥、殺菌，還能清新空氣。

## 保存花草的最佳方式

### 【曬乾法】

　　將新鮮花草經曝曬，乾燥後再入皂液，以免影響潮濕而影響到皂的質感。只是花草經強鹼破壞下，香味和顏色都會改變哦。

### 【浸泡油法】

　　曬乾後或是完全去除水分的香草植物，可完全淨泡於油品中，放置於陰涼通風處保存，需存放一個月以上的靜止期，才能讓花草本身的特質慢慢釋放於油品中，也能釋放出其它脂溶性物質。

　　浸泡油的比例大約是以**花草：油 =1:3 花草的量須為瓶子體積的 1/3 ～ 1/2**。再接下來的單元，我們會再特別介紹哦！

## 2. 漢方藥草的添加物

- **熊果葉**：抗發炎，可治療斑疹，含能抑制黑色素的熊果葉甘及鞣花酸，可以用來美白。
- **紫草根**：抗菌、抗發炎，飽含尿囊素，有效預防及治療青春痘、濕疹及面皰的功效。
- **桑白皮**：為知名漢方，對美白有不錯的效，還能擺脫發炎或水腫，各種肌膚都適用。
- **牡丹皮**：消炎、抗過敏，可促進血液循環及新陳代謝，也可預防皺紋產生。
- **虎耳草**：修復細胞、對抗紫外線；可美白，對皺紋、暗沉膚色及青春痘都有效果。
- **蘆薈**：有極高保濕效果與抗氧化作用，可促進傷口癒合。對乾燥與老化肌膚十分有效，具雙向平衡作用，使乾澀皮膚滋潤，油性皮膚不油膩。

- **紅茶**：抗菌力強且含有較多的咖啡因。
- **綠茶**：含有豐富兒茶多酚、維生素 E、C、胡蘿蔔素、兒茶素及單寧酸，可溶解皮膚油脂與角質。具優異抗氧化性能，促進血液及淋巴循環，防止浮腫。抑制日曬產生的皺紋、雀斑、及改善問題肌膚。
- **廣藿香**：又稱「左手香」或「到手香」。新鮮到手香汁液對擦傷、刀傷、燒燙傷、蚊蟲咬傷、無名腫痛、疔瘡、耳朵發炎、喉嚨痛等深具功效。對皮膚像是脂漏性皮膚炎、濕疹、粉刺、過敏、皮膚乾裂、頭皮的毛囊炎其殺菌效果也有很大的幫助。
- **艾草**：可驅除邪氣。性溫，有暖子宮、袪寒濕、止神經痛關節炎等功能。中醫以艾入藥、炙灸。

粹取新鮮汁液製作方法：

❶ 將葉子洗淨放入果汁機中，約倒入一杯的純水。

❷ 啟動果汁機攪成葉泥汁

❸ 用乾淨布過濾取汁

❹ 將汁液倒入製冰盒或夾鏈袋放入冷凍庫製成冰塊。

❺ 待做皂時取出與氫氧化鈉相溶。

❻ 記得氫氧化鈉要分次加入攪拌，持續至氫氧化鈉全部溶解完全，過程中味道不是很好聞，是正常的。

## 3. 看得到的新鮮蔬果添加物

- **葡萄柚**：改善蜂窩組織、分解油脂，可減肥瘦身。

- **酪梨**：營養價值居各類水果之冠。含有蛋白質、β- 胡蘿蔔素、維生素 B 群、C、E、必需脂肪酸與多種礦物質，可以美膚養顏、抗老化。

- **木瓜**：含豐富的 β 胡蘿蔔素，是強效的抗氧化劑。青木瓜含有更多的木瓜酵素，可軟化角質，使皮膚光滑柔細。另有一說是木瓜酵素具有解毒，消炎與消腫作用。

- **香蕉**：治療皮膚瘙癢症，香蕉皮中含有蕉皮素，它可抑制真菌和細菌。

- **胡蘿蔔**：活化細胞，預防皮膚粗糙予增加皮膚彈性。

- **小黃瓜**：含豐富維他命 C、酵素、礦物質等，具消炎美白的作用。

- **生薑**：可去除老年斑、抗衰老、治療風濕痛，腰腿痛，可以減輕關節炎病痛，薑汁洗髮可防止脫髮。

- **杏仁**：含有豐富的糖分及維他命 E 可以軟化肌膚角質並抑制皺紋產生，適合作為敷面劑，對肌膚有不錯效果。

- **紅豆**：紅豆中含有一種為皂素的天然介面活性劑，可以有效去除油污，也很適合肌膚使用。

- **綠豆**：保濕清潔效果佳，有殺菌、美白兼具改善青春痘效果。

- **薏仁**：可改善黑斑、雀斑、膚色暗沉等問題，可排除多餘水分達到瘦臉效果。

- **黃豆**：清潔毛孔效果佳，具排毒、保濕，抑制油脂分泌效用。

- **白芝麻**：富含維他命 E 礦物質硒及芝麻素可抗氧化抗自由基，保濕且滋潤。

- **燕麥及玉米片**：有維生素 B 群及蛋白質，具有很好的抗發炎及緊膚功效，溫和具有去角質的功效，使用時必須輾碎，適合做成去角質香皂。

## 4. 調出色彩繽紛的天然礦泥粉

- **綠石泥**：外觀為灰綠色。可吸收分泌過多的油脂，具深層清潔毛孔，消毒癒合的功能，能防治療青春痘及面皰等問題肌膚，還可防止老化、平衡混合性皮膚、促進淋巴及血液循環。

- **紅石泥**：外觀為磚紅色。除吸收過多油脂，清潔毛孔外，用在乾燥及敏感肌膚效果佳，特別是壓力大以及疲乏的肌膚。

- **粉紅石泥**：外觀為淡淡紅色，對於不同性質的肌膚皆有不錯的功效，特別是熟齡肌膚。敷面可柔化肌膚，淡化細紋，讓肌膚富含水分。

- **黃石泥**：外觀為鵝黃色，具有極佳的收斂及修護效果，適合油性、面皰、暗瘡、毛孔粗大、發炎等問題肌膚。

- **海藻粉**：外觀為鮮綠色，採取最天然純淨的海藻磨製而成，由岩藻、昆布與珊瑚藻等複方組成，主要功效為排毒淨化。

- **備長炭**：外觀為黑色，具有消臭、滅菌、除濕、深層洗淨、淨水、遠紅外線等作用。

## 5. 其他

- **蜂蜜**：具保濕效果，並使皮膚血液循環順暢，增加皮膚彈性與紅潤，也可以促進肥皂起泡作用。

- **無患子**：含有 Saponin 可以分解油脂，滲入毛孔後可將粉刺乳化，降低青春痘的發生率。

- **蛋黃**：含有豐富蛋白質，保濕力強。

- **咖啡**：有除臭作用，咖啡煮水用來作廚房用皂或是洗手皂非常適合，也可以用把咖啡打碎後加入 trace 的皂液中，作成有去角質作用的香皂。

- **黃豆粉**：洗淨力強適合用在洗碗皂。

- **茶籽粉**：茶籽粉含有天然植物皂素，清洗餐具、蔬菜、水果時，殺菌、去污力強、好沖又好洗，能分解蔬果殘存農藥，是天然的環保洗潔粉。

- **牛奶**：含有乳脂肪，對肌膚有很好的保濕效果，且帶動了手工皂添加乳製品來入皂，搭上任何配方的油品都會多一層滋潤。

**天使媽的小教室**

● 製作薑汁小冰塊

1. 將薑切成小塊，丟入果汁機加點純水打成泥。
2. 打成泥狀後，可放入製冰盒中。
3. 取出冰塊，用夾鍊袋封裝好。

● 製作牛奶冰塊

1. 可將秤好做皂的奶重量
2. 倒入製冰盒或夾鏈袋放入冷凍庫製成冰塊狀。
3. 取出乳製冰塊，慢慢加入氫氧化鈉，待氫氧化鈉溶解之後再分次倒入攪拌，太快加入會使乳製品變色。
4. 持續動作直到氫氧化鈉全部溶解完全。因為奶結冰，有時會油水分離，這別在意可持續動作。

【小提醒】
漂亮的色粉，可不是加愈多愈美麗喔！色粉加太多，會使皂太鮮艷，反而不好看，其比例要看購買的色彩濃度，天然的色粉通常添加 1 ～ 2%，皂用色粉或是妝品級色粉可先在小杯子裡做測試。若色粉不易擴散，可先在皂杯倒入少量皂液再加入要調色的色粉。

# 漂亮的顏色魔法技巧

色彩的運用能讓手工皂更添趣味，只要顏色對了，皂就美了。但難就難在不知如何搭配顏色，除了觀摩其它人的作品外，來認識一下基本的色彩的變化，也能輕鬆玩出美麗新色彩。

　　色彩的來源，除了油品本身的色彩外，食材、礦粉等天然粉末都能增加皂的吸引力與美麗變化。要如何調配出好看又不失有個人風格的色彩。

建議初學者可先認識簡易的色彩三要素，透過色相環的輔助來學習配色，即可了解配色的技巧與各類型的差異。

## 認識色彩三要素

　　一般我們看到顏色，主要是用色相（色調）、飽和度（彩度）和亮度（明度）綜合而成色彩的三要素。在色彩學中，紅、黃、藍是色彩的三原色，不能由其它色彩混合而成。

　　掌握了三原色之後，即可利用它們來相互混合出更多色彩，形成一個環形的色彩體系。即為「色相環」。

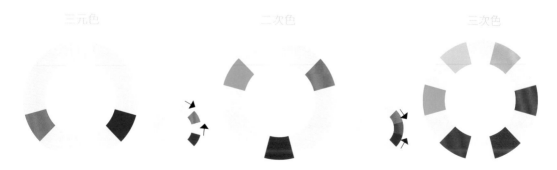

將三元色1：1混色稱為第二次色，
例如：紅色＋黃色＝橘
　　　藍色＋黃＝綠
　　　藍色＋紅色＝紫

將三原色和第二次色再混合，得到黃橙、黃綠、青綠、紅紫、青紫等六個則為第三次色。

## 1、色相（色調）：

依色彩在色相環上的位置所成的角度，可分為同一色相、相近色相、對比色相及互補色相的配色。兩色所成的角度愈小，色彩的共同性愈大。其特色如下：

1. 以中心點向右，為暖色調，明度高、彩度強。向左則為冷色調，明度、彩度低。

2. 色相與彩度的關係成正比，色相差大時調和彩度差也大，色相差小，彩度也要小。

## 2、飽和度：

就是色彩的濃度，或者說是鮮艷程度。越鮮艷與濃郁的色彩通常就被認為越飽和。

## 3、明度（色度）：

是色彩的明暗程度。不同色彩有不同的明度，即使同一種色彩，其明度也有不同。

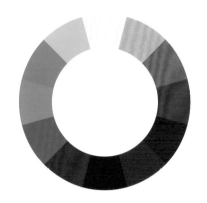

所有顏色加起來一共 12 色
成為 12 色環

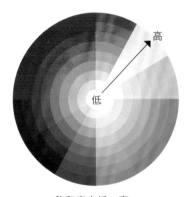

飽和度由低→高

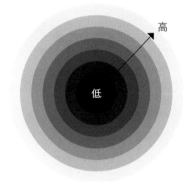

明度由低→高

## 色彩的冷暖效應

一般來講，暖色系的色彩較為活躍和興奮動感，冷色系體現穩重安逸等靜態的印象。

### 配色技巧

色彩中有些顏色會使人有著輕鬆、愉快的感覺，當然有些顏色也會讓人情緒低落，該如何調配色彩，對於顏色不熟悉的人，可以利用色環的輔助來找出自己喜歡的色調哦！

### 1‧相近色相配色

　　相近色是指在色相環中相鄰的顏色配色，將色相環裡相鄰的兩色排列在一起，或是以兩色間呈現 30 ～ 60 度作為搭配的方式。這些顏色因為色彩對比低，會有令人安心和滿足的感覺，因此可以搭配出充滿和諧與順眼的配色效果。

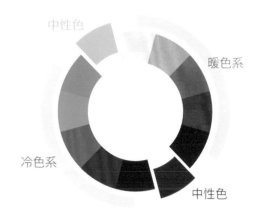

### 2‧對比色相配色

　　在色相環裡以兩色間呈現 120 ～ 150 度作為搭配的方式。具有活潑、明快的感受同時給人一種色彩鮮明且強烈、變化很大的感覺。像是紫色的對比色是黃色。在設計上要多注意在變化中求統一的原則，才不會令人覺得太突兀。

### 3‧互補色相配色

　　也就是暖色與涼色 180 兩色的配色法，給予鮮明且熱鬧的印象，像是紅配綠。因此也最具戲劇化，華麗感。

　　根據色彩心理學表示，色彩與每一個人的特質都有著密切的關係，所以平時喜歡的顏色，便可以略知心情的反應哦！

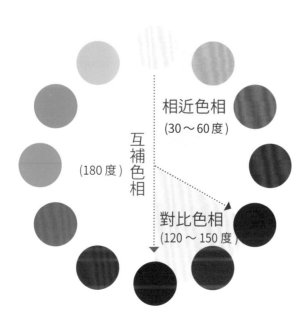

## 天然顏色運用：

生活中有些天然食材的運用，在製作手工皂過程中，可呈現不同的顏色，包括以下天然色料。

| | |
|---|---|
| 胡蘿蔔素 | 可染出黃至橘色。 |
| 綠藻粉 | 自然草綠色，需加入綠色皂用染料比較持久穩定。 |
| 朱草根粉 | 暗紅色，可先做成浸泡油後使用。 |
| 紅椒粉 | 可染出黃至橘紅色。 |
| 香草 | 大部分的香草作成的皂都會是茶色，唯有金盞花作成的皂不會變色，而冷壓綠茶或冷壓艾草做出來的會是綠色。 |
| 香料 | 加入匈牙利紅椒粉會是桃紅色，薑黃粉會是黃褐色皂，可可粉會讓皂呈現巧克力顏色。 |
| 巧克力 | 將巧克力先融化，再加入 trace 後的皂液中，可製作出如巧克力般的香皂，巧克力中的糖分與脂肪，對肌膚的保養也不錯。 |
| 天然礦泥粉 | 具肌膚保養的天然礦泥粉，顏色豐富，可以製作出各種顏色的手工皂，不同顏色對肌膚效果也有不同，有些是保濕，有些可以去角質或美白，都是不錯的添加物。 |
| 紅棕櫚油 / 棕櫚果油 | 紅棕櫚油是紅色的，製成皂後顏色會變成橘色或是芒果色，保存一陣子之後顏色會慢慢退掉，有可能退成白色。 |
| 紫草浸油 | 做出的皂從藍綠色到紫紅色到紫色都有。 |
| 梔子果實 | 它的染是水溶性的，所以要煮水放涼再拿來溶鹼，做出來的皂是鵝黃色。 |
| 小黃瓜汁 | 可做出淡淡的淺綠色皂，等表面稍微乾一點時，小黃瓜的綠會變成黃褐色。 |
| 綠色蔬菜（波菜） | 除了未精製的酪梨油可做成綠色皂之外，綠色蔬菜汁也可以做成淡淡的綠色皂，不過新鮮蔬果做調色的話，顏色也會因為日光照射或是儲存環境影響而慢慢退色。 |

# 動手做浸泡油
# 肌膚最速配的基底油

相對於價格昂貴的精油，自己利用乾燥的花草來製作浸泡油，不只操作簡單還更容易將草本植物的養分萃取出來，製作出效果顯著的功效油。只要了解各種草本植物的特性，就可以在家自己動手做，還能省荷包哦。

私房浸泡油製作方法：

step **1**　將花草放入已消毒且晾乾的瓶子中，大約為瓶子的 1/3 高度。（視香草植物與藥材不同可自行斟酌體積容量）

step **2**　將油倒入浸泡油罐。此時有些植物會隨油浮上來，沒關係的，最後乾燥植物吸滿油之後又會往下沉澱。

step **3**　將油倒滿再使用保鮮膜封住罐子開口。

step **4**　蓋上蓋子，並均勻搖晃浸泡油罐。

step **5**　放置 2～6 週或更久，植物會慢慢將釋放出脂溶性物質與少量精油成分，使用前過濾掉花草即可使用了。

**【天使媽媽小提醒】**

前兩週約幾天需均勻搖晃一次，重複幾次即可。有助於釋出油溶性的營養成分。
保存時，須避光、避濕、低溫保存，才能使保存期才拉長。但是前提必須浸泡的過程油品是良好沒變質且浸泡物確實乾燥，這樣製作起來酸敗才不會找上門。

▶ 使用前要煮煮瓶子

不管是買回來還是回收再利用的瓶子，使用之前還是要先清洗乾淨。
1. 可以用 75% 酒精先消毒晾乾。
2. 用熱水沖燙一回或用鍋子蒸煮玻璃罐，之後晾乾即可開始製作。

# 全家人最暖心的薑粉浸泡油

　　冬天一到，家裡的老爸總會備足老薑。好讓全家人在整個冬天都可以利用薑的排寒去濕，活絡氣血的功效，讓身體暖起來。把薑汁用來入皂，薑粉製成薑的浸泡油，用來按摩，提升燃脂力。可是天使媽媽家最受歡迎人氣油品哦！

　　薑，含有很強抗氧化和清除腫瘤的薑辣素和薑烯油等成分，能消除壞的自由基之外，對女性婦科也能啟動調氣血的作用，當然最重要的能促進新陳代謝，活化細胞。有效地防止脫髮、白髮；刺激新髮生長、強化髮根達到"毛囊幹細胞"修護的作用。因此常用來製作洗髮皂，添加些許薑粉，是不錯的洗髮皂款。

　　因此，我習慣將老爸的老薑榨成汁，然後冷凍起來準備「入皂」。而薑末則可晾乾入油作浸泡油。當然，直接將薑切片晾乾入油最好，無需將薑汁先榨出。

製作薑油的浸泡法：

step 1　　先將薑切片後切碎。

step 2　　將薑鋪平使其晾乾。晾乾時間會因為季節或地點而不同，用手摸乾燥會有酥酥的感覺。

step 3　　在裝瓶之前可以用烤箱 70 度烘約 40 分鐘。

step 4　　將薑裝入瓶子裡約 1/3 量。

step 5　　將油裝滿，蓋上蓋子，自己也可以自行包裝。

step 6　　均勻搖晃浸泡油罐。

【天使媽媽小提醒】

裝入浸泡的薑油，別忘了要搖一搖哦，前兩週約幾天就均勻搖晃一次，也視浸泡油中可否看見清澈的一層油層，抑制效果快些。

此薑油也有促進頭髮的循環和刺激毛囊的功力，祛寒因此，甚至胸部，婦女按摩，刺激胸部，也都是很棒的配方哦。

容易有循環障礙和體質弱、動效力差、精神不振，或是試育剛剛產後的朋友效果很好，還有在孩子上一對女性窈窕的保健非常好。

# 美膚亮白的
# 清爽綠茶粉浸泡油

花草入油，需要透過時間慢慢將花草中的養分釋放出來，而研磨
成粉的花草或中藥材分子變小了，更容易將養分和精華釋入油品中。
連顏色也都變美了，完全不添加任何化學色粉，在浸泡的過程中還能觀察色
彩的變化，這就是粉類浸泡的不同之處。

綠茶含有豐富的維生素與防止細胞老化的茶多酚，能活化細胞，若再搭配具有抗氧化
的植物油品，更有助於潤膚養顏。尤其具有殺菌及收斂毛孔的綠茶粉，在油品的帶動下，
能製作出清爽且觸感細滑的好質感皂體。所以在天使媽媽私藏的浸泡油中，一定要與皂友
們分享利用綠茶粉製作的浸泡油。

## 粉類入皂，比例多一些

在磨成細粉之前，首先要將植物或是中藥曬乾後再研磨粉，使體積變小後才進行浸泡
的動作，而綠茶則可直接以綠茶粉取而代之。

粉類製作浸泡油的比例與一般花草略有不同，通常比例我會抓粉：油為 1：4。若是用
體積作為比例參考的話，就將粉放到約瓶身的 1/5，後再將油倒滿即可。

## 綠茶粉浸泡油製作方法：

step **1**　在消毒好的空瓶裡倒入綠茶粉後，再倒油品。

step **2**　油品倒入時粉末會隨之浮起，約幾分鐘後粉會因為吸取油脂再往下沈。

step **3**　只要把蓋子蓋好並搖晃均勻，浸泡約 1 個月後過濾再使用就可以囉。

【天使媽媽小提醒】

# 何謂浸泡油

簡單來說，就是將乾燥的草本植物或藥材等浸泡在植物油裡，經過一段時間後，好讓藥草的精華能透過油脂把脂溶性物質慢慢浸潤出來，釋放在植物油裡。其概念就像家裡浸泡的藥酒具有同理性是一樣的。

尤其有很多草本植物是無法透過蒸餾法萃取，是需要經由時間及溫度讓草本植物中的「脂膠」、「油樹脂」及其它如生物鹼、精油與其他活性物質慢慢溶到油品中，才能成為收足養分的浸泡油。

## 選對瓶子，才能好保存

製作浸泡油之前要先備好容器。建議以玻璃容器為最佳，主要是製作做浸泡油需要較長時間若使用其它材質的容器，則擔心浸泡太久會有塑化劑或是其它化學物質溶出滲透到油裡，影響品質。

選好玻璃瓶，也要考量瓶口也不能太小，這關係到日後方便將瓶子裡的內容物取出，且瓶身好清洗並可達到重複使用。

## 浸泡油的完美比例

製作浸泡油是以體積做為測量，很多教室會以香草植物與油的比例 1：3 或是 1：2 為基礎量法，但對新手而言，很難去抓準比例。其實，比例上可以稍微調整無訪，只要讓花草植物有足夠的空間在瓶裡晃動，即可。

如果想要取得濃度較高的油萃取物，可先浸泡一次之後將內容物濾掉，接著再放入新的乾燥草本再浸泡一次即可，但過程必須小心不要汙染到，以免使油氧化無法存放。

【天使媽媽的小提醒】

✓ **適合做浸泡的油**：要選不易氧化的油品
橄欖油、甜杏仁油、榛果油、荷荷芭油、胡桃油、酪梨油等

✗ **不適合做浸泡的油**：容易氧化的油品 ( 含亞油酸、亞麻酸比例高的較不安定 )
葡萄籽油、月見草油、玫瑰果油、、玉米油大豆油、葵花油、紅花油等

# 選擇基礎油，滋潤多一層

浸泡油和一般的基礎油不同，雖然沒有精油的香味，卻比精油更多了一份營養和植物的藥性成分，因此有「藥草油」的封號。

為了提供給皮膚更好的滋潤與養分，在基底油選擇上就要特別注意油品的抗氧化性及易吸收的親膚性特質。想選擇適合自己的基底油，可參考我們前面油品介紹，就能輕鬆明瞭油品的特質。針對草本植物的選擇上，我們則提供以下較為常見做為參考：

| 草本名稱 | 功效與用法 | 適用膚質、部位 |
|---|---|---|
| 金盞花 | 具抗發炎、促進膠原蛋白增生功能，有修復及促進細胞再生與淋巴的循環。 | 敏感性肌膚、過敏部位、青春痘或皮膚有疤痕都適用。 |
| 洋甘菊 | 有鎮靜和安撫功效，對黑色素也有抑制作用，能減緩傷口的發炎，改善問題肌膚症狀。 | 成分溫和，敏感性肌膚、嬰幼兒及一般有過敏症狀都適用。 |
| 茉莉花 | 有美膚嫩白和收斂效果，亦具有保濕、抗皺的細胞修護特性，也常被用於淡化妊娠紋與疤痕之用。 | 任何膚質皆適用，更適合乾燥肌膚滋養用。 |
| 玫瑰花 | 具養顏、美白、淡化斑痕之效，能緊實、舒緩、收斂和滋潤肌膚等作用 | 任何膚質皆適用 |
| 薰衣草 | 有「芳香藥草之后」的稱譽，具鎮靜舒緩、促進細胞再生、對平衡皮脂分泌也有顯著效果。另外，對灼傷與曬傷也有很不錯的舒緩作用。 | 一般膚質問題肌膚都適用，也是護髮聖品。 |
| 迷迭香 | 具濃郁的香氣，能抗老化、收斂，亦可促進血液循環，消除水腫，對頭皮失調能刺激毛髮生長，常用可改善禿頭、掉髮的現象，對頭皮屑有清潔、殺菌等作用。 | 適合中油性肌膚 |

| 草本名稱 | 功效與用法 | 適用膚質、部位 |
|---|---|---|
| 聖約翰草 | 在西方倍受推崇的藥草，可緩和緊張情緒、緩解壓力同時具有消炎特性，尤其對神經方面的發炎具安撫效用，對抗皮膚創傷、青春痘和濕疹等問題皮膚也同時有療效。 | 對光敏感，使用後不要立即曬到太陽，以免有反黑作用。 |
| 山金車 | 刺激血液循環，抗老和具消炎作用，可改善皮膚黯沉，淡化黑眼圈。 | 皮膚若有傷口，切勿使用。 |
| 紫草根 | 含有尿囊素和天然的紫紅色素，使得浸泡油成為深紫紅色。因具有很好的抗菌、修復以及安撫作用，能達到保濕、除皺與增加肌膚彈性之功能。 | 很適合痘瘡、發炎、濕疹等問題肌膚，特別是暗瘡肌膚。 |
| 薑 | 能使全身發熱、排濕驅風，治療感冒，舒解肌肉酸痛。還能促進頭皮新陳代謝，修護髮根，防止掉髮。 | 做為洗髮皂之用，可抑制頭皮癢，強化髮根。 |
| 綠茶 | 可收縮毛細孔，延緩肌膚老化，對抗自由基，減少皺紋產生。 | 中油性肌膚 |
| 檸檬草 | 調理肌膚，對毛孔粗大頗有效。有抗菌、除粉刺和平衡油性肌膚的功效，對香港腳及其它黴菌感染也十分有益。 | 中油性肌膚，亦可用於特別容易長粉刺、痤瘡等問題肌膚。 |
| 鼠尾草 | 像老鼠尾巴的鼠尾草乾燥之後，顏色會由原來的灰綠色轉為銀灰色，其獨特的活性成分也會讓功效增加 3 倍。鼠尾草精油具有抗菌消炎的作用。能促進細胞再生，修護皮膚細胞組織，清淨頭皮，調節皮膚油脂分泌。 | 改善油性皮膚、粉刺、痤瘡等肌膚問題。 |
| 蕁麻葉 | 常被用來做為春令進補。蕁麻的每個部位都能使用，局部使用蕁麻茶能夠舒緩濕疹及粉刺，也能減緩蕁麻疹搔癢。同時能刺激頭皮並減少掉髮及禿頭惡化。 | 幫助毛髮重新生長，去除頭皮屑及護髮非常有效。 |
| 百里香 | 有豐富的麝香草酚成分，可以鎮靜、提振精神、消除疲勞、強心、抗風濕、恢復體力、減輕婦女經痛。用來泡澡可舒緩和鎮定神經。能協助身體抵抗疾病，控制細菌蔓延，有助於免疫系統復原。 | 能強健頭皮，對落髮有抑制作用，對抗濕疹，傷口也好用。 |

這些浸泡油適用於皮膚的按摩與保養上。當然單獨使用或是混合使用都有良好的功效。

使用浸泡油，除了加強功能性之外，也可以增加製皂過程中的樂趣，像紫草油做出來的皂顏色會帶呈現藕色，當然成皂也會因為油品配方不同而有差異。所以還是需要自己動手玩玩看，才能體會手作的樂趣哦。

### 天使媽的小教室

浸泡油，做料理也很美味

一般浸泡油的基底油，我們習慣會以橄欖油，或是甜杏仁油、荷荷芭油、葵花油……等來製作香草植物油。因此，做為肌膚的按摩與保養，能有芳香、舒緩、滋潤之功效，也是愛美人士的愛用品。

其實，浸泡油拿來做料理也很美味哦，像是將茶葉浸泡在橄欖油中，茶香與新鮮沙拉的結合也是別有一番風味。當然也有人將有機的檸檬或是蘋果晾乾放入油裡浸泡，這樣帶有果香的橄欖油，用來做料理可是深受喜愛呢！

【天使媽媽小提醒】

1. 浸泡油部分不建議使用新鮮植物，雖然新鮮植物的有效活性成分較多，但因為新鮮的植物通常含有水分，會使浸泡油中油品容易酸敗。而市面上以新鮮草本所製作的浸泡油，通常是廠商以專業的製法製成，並不適我們自己在家土法煉鋼，以免酸敗浪費油品與材料。

2. 使用保鮮膜或是塑膠帶封口，可以使蓋子日後在重複浸泡時較為乾淨，尤其是使用回收的玻璃瓶，如果醬瓶、醬瓜瓶等能確保浸泡油的品質不受瓶蓋的汙染。天使媽媽通常在使用浸泡油時，每開封一次會更換一次保鮮膜，你可以依自己習慣而決定。

Angelmama*

## Part 3

寵愛全家人的手工皂

米糠藷藷
V.S 茶籽油
全方位家事皂

# 米糠薯薯
# 萬用家事皂

高達 80% 椰子油比例的手工皂，具有超強的清潔力，能將油膩膩的鍋子洗乾淨，連污黑的抹布也能洗的「白淨白淨」。天然成分加上綿密的泡沫，一直以來都是生活中使用頻率最高的手工皂，用來取代家用的清潔用品最安心。

## 準備原料

| A 油品 | 重量 (g) | 比例 (%) | 備註 |
|---|---|---|---|
| 椰子油 | 400 | 80 | |
| 米糠油 | 100 | 20 | |
| 總油量 | 500 | 100 | |

| B 鹼水 | 重量 (g) | 備註 |
|---|---|---|
| 氫氧化鈉 | 86 | |
| 水 | 210 | 約鹼的 2.4 倍 |

| C 添加物 | 重量 (g) | 備註 |
|---|---|---|
| 生地瓜泥 | 50 | 亦可用馬鈴薯 |
| 尤加利精油 | 10cc | 精油添加量可自行斟酌，約油品 2% 即可 |

| D 手工皂性質 | ☆☆☆☆☆ |
|---|---|
| 清潔力 Cleansing | ★★★★★ |
| 起泡度 Bubbly | ★★★★★ |
| 保濕力 Condition | ★★★★☆ |
| 穩定度 Creamy | ★★★☆☆ |
| 硬度 Hardness | ★★★★★ |
| INS | 220.4 |

## 製皂方法

step **1** **處理馬鈴薯或地瓜：**去皮切丁。(也可將皮留下，只是會有小黑點，也是另一種不同的視覺效果)

step **2** 用果汁機將地瓜打成泥狀備用。

step **3** 量取所需油品，硬油要先以隔水加熱融化後，待油溫稍降後再加入軟油。

step **4** 量取所需的鹼與水後，進行溶鹼。

step **5** 等待油溫與鹼液都降至約 50°C以下。即可將鹼液倒入油鍋中後開始攪拌。

step **6** 先持續攪拌 15 分鐘，皂液會因混合而顏色改變。

step **7** 15 分鐘後，休息 10 分鐘，可去準備所需的添加物。

step **8** 10 分鐘後再續攪拌至皂液有無變稠。將地瓜泥加入皂液中，也可加入喜愛的精油哦！

step **9** 攪拌到濃稠狀態後便可以入模。

step **10** 放入保麗龍的保溫箱內保溫，一天後記得取出切皂。

step 1

step 2

step 3

step 5

step 6

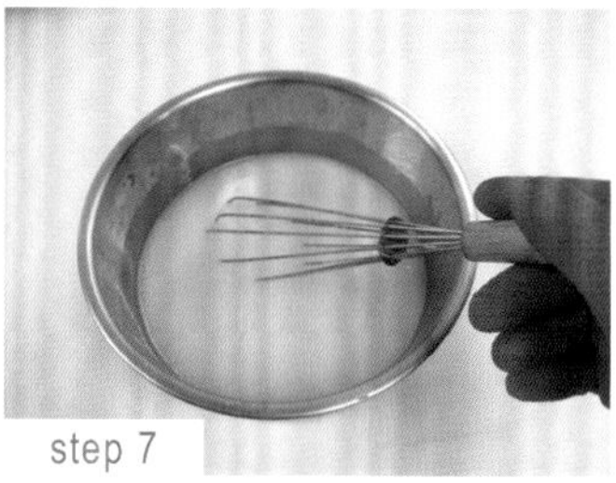
step 7

step 8-1

step 8-2

step 8-3

step 9-1

step 9-2

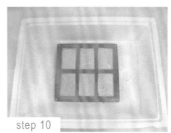
step 10

## 天使媽的小教室

剛開始製作手工皂,我都會建議新手從家事皂開始,成功率幾乎是 100%!此配方,我喜歡使用米糠油增加皂的保濕度,且價格上也較親民,用於家事皂款一點也不心疼。

馬鈴薯或地瓜因富含澱粉能清潔吸附油脂,但這款配方本身清潔力就很好,就算沒有添加馬鈴薯效果也很顯著。只因為家裡常有發芽的地瓜或馬鈴薯正好可拿來入皂,一點也不浪費,要注意的是不要添加過量,會容易使皂發霉酸敗。

另外,添加了馬鈴薯或是地瓜泥的皂會有沙沙的質感,那是正常的別太擔心哦~

## 換個配方也很好用！

# 茶籽全方位家事皂

茶籽粉的去油力很強，可用來洗碗、清洗油污很重的抽油煙機都很好用。茶籽粉也有護膚、護髮的功效，只是沒有泡沫的產生讓有些人不習慣使用。這時拿來入皂正好。製作茶籽皂，若覺得清潔力太高或太低，可在椰子油的比例上做調整，就是一塊好用的茶籽皂囉！

## 準備原料

| A 油品 | 重量 (g) | 比例 (%) | 備註 |
|--------|---------|---------|------|
| 椰子油 | 250 | 50 | |
| 米糠油 | 125 | 25 | |
| 橄欖油 | 125 | 25 | |
| 總油量 | 500 | 100 | |

| B 鹼水 | 重量 (g) | 備註 |
|--------|---------|------|
| 氫氧化鈉 | 78 | |
| 水 | 190 | 約鹼的 2.4 倍 |

| C 添加物 | 重量 (g) | 備註 |
|---------|---------|------|
| 茶籽粉 | 25 | 亦可自行斟酌添加至 50g 約 10% |

| D 手工皂性質 | ☆☆☆☆☆ |
|------------|--------|
| 清潔力 Cleansing | ★★★★★ |
| 起泡度 Bubbly | ★★★★☆ |
| 保濕力 Condition | ★☆☆☆☆ |
| 穩定度 Creamy | ★★☆☆☆ |
| 硬度 Hardness | ★★★★★ |
| INS 值 | 173.8 |

【貼心小提醒】

茶籽中的油酸含有與人皮脂相同的中性脂肪。所以皮膚較敏感，像有富貴手的問題的都可直接使用茶籽粉做清潔，此款配方設定為 10%，一般茶仔粉添加到 30% 都是可行的。

配方中，想將茶籽粉改為黃豆粉、咖啡粉等都可以哦！這款皂除了溫和洗手做家事，洗頭也很清爽。椰子油的比例可依膚質做以下調整：

★ 乾性 0 ～ 30%　★ 中性 30 ～ 40%
★ 油性 40 ～ 50%。

# 翡翠經典
## 馬賽皂

原自於歐洲,以含有 72% 橄欖油成分所製造出來的皂,稱為馬賽皂。因富含單元不飽和脂肪酸,其中油酸比例高達 70%,因此能製造出具親膚性且兼顧滋潤與清潔力的溫和皂體。

## 準備原料

| A 油品 | 重量 (g) | 比例 (%) | 備註 |
|---|---|---|---|
| 椰子油 | 70 | 14 | |
| 棕櫚油 | 70 | 14 | |
| 橄欖油 | 360 | 72 | |
| 總油量 | 500 | 100 | |

| B 鹼水 | 重量 (g) | 備註 |
|---|---|---|
| 氫氧化鈉 | 70 | |
| 水 | 170 | 約鹼的 2.4 倍 |

| C 添加物 | 重量 (g) | 備註 |
|---|---|---|
| 菠菜粉 | 25 | 亦可自行斟酌添加量 油量的 5% ～ 10% |

| D 手工皂性質 | ☆☆☆☆☆ |
|---|---|
| 清潔力 Cleansing | ★☆☆☆☆ |
| 起泡度 Bubbly | ★☆☆☆☆ |
| 保濕力 Condition | ★★★★★ |
| 穩定度 Creamy | ★★★☆☆ |
| 硬度 Hardness | ★★★☆☆ |
| INS 值 | 134.9 |

## 製皂方法

step 1　量取所需的油品,硬油要先隔水加熱融化後,待油溫稍降後再加入軟油。

step 2　量取所需的鹼與水後,進行溶鹼。

step 3　等待油溫與鹼液都降至約 50℃以下。即可將鹼液倒入油鍋中後開始攪拌。

step 4　第一階段先持續攪拌 15 分鐘,皂液會因混合而顏色改變。

step 5　15 分鐘後,休息 10 分鐘可準備所需要添加的添加物。

step 6　10 分鐘後再續攪拌至皂液變稠。加入菠菜粉到皂液中拌勻。

step 7　攪拌到濃稠狀態便可以入模。

step 8　放入保麗龍的保溫箱內,1 ～ 3 天即可脫模,切皂晾乾。

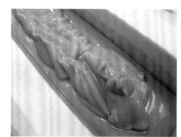

### 天使媽的小教室

這款經典馬賽皂，主是以 72% 的橄欖油搭配 28% 的硬油，皂體滋潤保濕，洗後也覺得清爽，適合各種肌膚尤其是敏感性及乾性肌膚，所以只要抓住這個基礎比例配方，就能替換不同的軟硬油，調製出從嬰兒到老人都愛的無敵皂款。但記得配方的氫氧化鈉與水要重新計算哦！

會添加菠菜粉，主要是喜歡它迷人的綠色，加上素有「蔬菜之王」之稱，不僅含有大量的鐵和胡蘿蔔素之外，蛋白質的含量也不少。用來入皂，能增加皂體的清潔度，洗起來皮膚也很保濕哦。

由於天然色粉會隨時間慢慢地淡退，用新鮮菠菜榨成汁製成冰塊後取代粉也不錯哦。

# 綠茶多酚
## 橄欖皂

未經過發酵的茶含有豐富的兒茶素和綠茶多酚,能可促進血液及淋巴的循環,防止浮腫。一般常見的就屬台灣綠茶和日本綠茶為我們較為熟悉。兩者同樣都具有抗氧化,緊實肌膚的作用,所以常被添加於護膚產品內。

## 🗒 準備原料

| A 油品 | 重量 (g) | 比例 (%) | 備註 |
|---|---|---|---|
| 綠茶粉浸泡橄欖油 | 400 | 80 | |
| 棕櫚核仁油 | 100 | 20 | |
| 總油量 | 500 | 100 | |

| B 鹼水 | 重量 (g) | 備註 |
|---|---|---|
| 氫氧化鈉 | 69 | |
| 水 | 170 | 約鹼的 2.4 倍 |

| C 添加物 | 重量 (g) | 備註 |
|---|---|---|
| 山雞椒精油 | 10 | 精油添加量可自行斟酌，約油品 2% 即可 |

| D 手工皂性質 | ☆☆☆☆☆ |
|---|---|
| 清潔力 Cleansing | ★☆☆☆☆ |
| 起泡度 Bubbly | ★☆☆☆☆ |
| 保濕力 Condition | ★★★★★ |
| 穩定度 Creamy | ★★☆☆☆ |
| 硬度 Hardness | ★★★☆☆ |
| INS 值 | 132.6 |

## 🖐 製皂方法

step 1　量取所需的鹼與水後，先進行溶鹼。並待降溫。

step 2　量取所需的油品，硬油要先隔水加熱融化後，待油溫稍降後再加入軟油。

step 3　等待油溫與鹼液都降至約 50°C以下。即可混合打皂。

step 4　將鹼液倒入油鍋中後開始攪拌。

step 5　先持續攪拌 15 分鐘，讓皂液混合。

step 1

step 2

step 3

step 6    皂液會慢慢變色，15 分鐘後休息 10 分鐘，可準備所需的添加物。

step 7    10 分鐘後續攪拌至皂液有輕微的畫痕出現。此時可添加精油。

step 8    攪拌到濃稠狀態後便可以入模。

step 9    放入保麗龍的保溫箱內，一天後記得取出切皂。

step 10   可蓋上自己喜歡的皂章。

step 4

step 7

step 8-1

step 8-2

step 9

step 10

【蓋皂章的小技巧】

通常在蓋皂章時，會不知道什麼時間點下手，建議在晾皂完成後手工皂含水量較低時，
以吹風機吹整表面，使皂表面輕微軟化，再做蓋章的動作，就會蓋出非常完整的圖案，
不怕皂章卡到皂。一般的橡皮章也適用哦！

## 天使媽的小教室

綠茶粉浸泡油，呈現深綠色澤，做出來的皂也會帶有天然的顏色，也多少都會殘留粉末，所以使用前還是先過濾，這樣油脂配方中的油脂才不會因為粉末使油量短少讓皂的變動性變高，導致失敗。

此款皂，是以含量高達 80% 的綠茶粉浸泡油為基底再搭配親和度高的棕櫚核仁油，讓此款皂具有溫和的清潔洗淨力，在代謝角質時還能使肌膚保留濕潤度，也是一款全家都適合好洗的皂。若手邊沒有棕櫚核仁油，則可改用椰子油再加上棕櫚油代替。

手工皂綁上繩索，
除了很有味道，
也很方便使用喔~

# 快樂鼠尾草芝麻皂

擁有特殊氣味的鼠尾草，具消除壓力和讓人產生快樂的情緒作用。製成的浸泡油，能滲透肌膚，調整皮脂分泌，對偏油性的肌膚有消炎、抗菌及緊實毛細孔，加上極具抗氧化與滋潤性的黑芝麻油，讓洗後仍保有柔軟的觸感哦。

## 🗒 準備原料

| A 油品 | 重量 (g) | 比例 (%) | 備註 |
|---|---|---|---|
| 椰子油 | 90 | 18 | |
| 棕櫚油 | 110 | 22 | |
| 橄欖油 | 100 | 20 | |
| 芝麻油 | 100 | 20 | |
| 鼠尾草浸泡甜杏仁油 | 100 | 20 | |
| 總油量 | 500 | 100 | |

| B 鹼水 | 重量 (g) | 備註 |
|---|---|---|
| 氫氧化鈉 | 72 | |
| 水 | 170 | 約鹼的 2.4 倍 |

| C 添加物 | 重量 (g) | 備註 |
|---|---|---|
| 鼠尾草 | 5cc | 精油添加量可自行斟酌，約油品 2% 即可 |
| 薰衣草 | 5cc | |

| D 手工皂性質 | ☆☆☆☆☆ |
|---|---|
| 清潔力 Cleansing | ★☆☆☆☆ |
| 起泡度 Bubbly | ★☆☆☆☆ |
| 保濕力 Condition | ★★★★★ |
| 穩定度 Creamy | ★★★☆☆ |
| 硬度 Hardness | ★★★☆☆ |
| INS 值 | 135.7 |

## 🖐 製皂方法

step 1　將量秤好的冰塊與鹼，進行溶鹼。

step 2　將所需要的油品量秤好，並將固體油先加熱溶解為液態。

step 3　加入軟油，待油溫度降至 50°C 以下。

step 4　油鹼混合，將鹼液倒入油鍋中後開始攪拌。皂液會因混合而開始產生變化。

step 5　持續攪拌 15 分鐘後稍停，靜止 10 分鐘不動。此時可另備所需之添加物。

step 6　10 分鐘後繼續攪動皂液，並查看是否進入可劃出線痕的 light trace 狀態。

step 7　確定皂液到達濃 trace 狀態便可入模且放入保溫箱中保溫。

step 2

step 4

step 6

step 7

# 黑鹽清爽皂

擁有豐富礦物質的海鹽，雖然顆粒來的粗獷一點，但有緊縮毛孔，去除老廢角質。重要的是還有殺菌效果。在甜杏仁油的滋潤下，讓皂體洗起來非常清爽卻又不乾澀。很適合在春夏季使用哦！

## 🗒 準備原料

| A 油品 | 重量 (g) | 比例 (%) | 備註 |
|---|---|---|---|
| 椰子油 | 350 | 70 | |
| 蓖麻油 | 75 | 15 | |
| 甜杏仁油 | 75 | 15 | |
| 總油量 | 500 | 100 | |

| B 鹼水 | 重量 (g) | 備註 |
|---|---|---|
| 氫氧化鈉 | 83.9 | |
| 水 | 200 | 約鹼的 2.4 倍 |

| C 添加物 | 重量 (g) | 備註 |
|---|---|---|
| 檜木精油 | 5cc | 精油添加量可自行斟酌，約油品 2% 即可 |
| 溫泉海鹽 | 50 | |

| D 手工皂性質 | ☆☆☆☆☆ |
|---|---|
| 清潔力 Cleansing | ★★☆☆☆ |
| 起泡度 Bubbly | ★★☆☆☆ |
| 保濕力 Condition | ★☆☆☆☆ |
| 穩定度 Creamy | ★★★★☆ |
| 硬度 Hardness | ★★★★★ |
| INS 值 | 209.4 |

## ✍ 製皂方法

step 1　將所需要的油品、鹼與冰塊量秤好，固體油要先加熱溶解為液態。

step 2　待油溫度降至 50℃ 以下，油鹼混合，將鹼液倒入油鍋中後開始攪拌。

step 3　持續攪拌 15 分鐘，皂液會因混合而開始產生變化。

step 4　15 分鐘後稍停，靜止 10 分鐘不動。此時可另備所需之添加物。

step 5　10 分鐘後繼續攪動皂液，待可劃出線痕的 light trace 狀態。

step 6　將精油添加至入皂液並攪拌均勻。

step 2

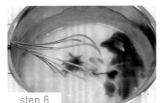
step 6

step **7**　確定皂液到達濃 trace 狀態便可以加入海鹽。

step **8**　再入模且放入保溫箱中保溫。

step 7-1

step 7-2

step 8

 **天使媽的小教室**

[ 製作鹽皂注意事項 ]

手工皂添加鹽類部分，必須打到手工皂液呈現較濃稠狀態才可以放入鹽，因為鹽顆粒大也較重，如果在皂液還沒達濃稠狀態加入，鹽會沉到底部的，當然如果鹽研磨的比較細，就可以提早加入。

**因為椰子油比例較高，皂體會比一般來的硬，**所以可利用單模來盛裝皂液以避免掉切皂的困擾。

如果用吐司模盛裝，通常在保溫半天的時間後，我就會帶手套先脫模切皂再放回保溫箱保溫，以免皂體太硬不好切皂。另外，因為添加鹽的關係，皂體會產生水珠，別擔心擦拭掉就好。

**關於鹽皂會有冒汗的問題，**是與添加鹽類不同而有所不同，但是脫模前一二天都會冒出較多的水珠，擦乾之後加上環境保持乾燥就不會冒汗了。

[ 檜木精油 ]

如沐森林浴中的氛香，檜木的香能穩定人心，釋放壓力和焦慮，並能集中注意力。也能有效斂傷口、消腫止痛、防止細菌感染、增進血液循環、加速癒合。

# 紫葉草
# 舒敏皂

具有獨特芳香氣息的紫蘇葉，本身具有豐富的揮發油，像是薄荷醇、紫蘇醇、丁香油酚等，具有解熱、舒緩、抑菌的作用。搭配清爽的蓖麻油與保濕力可滲入肌膚的酪梨油，和同樣具有抑菌、鎮定作用的茶樹與薰衣草精油。對於會長痘痘的油性肌膚或敏感性肌膚有舒緩發癢的清新力哦！

| A 油品 | 重量 (g) | 比例 (%) | 備註 |
|---|---|---|---|
| 椰子油 | 100 | 20 | |
| 棕櫚油 | 100 | 20 | |
| 橄欖油 | 190 | 38 | |
| 蓖麻油 | 35 | 7 | |
| 酪梨油 | 75 | 15 | |
| 總油量 | 500 | 100 | |

| B 鹼水 | 重量 (g) | 備註 |
|---|---|---|
| 氫氧化鈉 | 72 | |
| 紫蘇汁 (結冰) | 170 | 約鹼的 2.4 倍 |

| C 添加物 | 重量 (g) | 備註 |
|---|---|---|
| 茶樹精油 | 5cc | 精油添加量可自行斟酌，約油品2% 即可 |
| 薰衣草精油 | 5cc | |

| D 手工皂性質 | ☆☆☆☆☆ |
|---|---|
| 清潔力 Cleansing | ★★☆☆☆ |
| 起泡度 Bubbly | ★★☆☆☆ |
| 保濕力 Condition | ★★★★☆ |
| 穩定度 Creamy | ★★★★☆ |
| 硬度 Hardness | ★★★★☆ |
| INS 值 | 143.5 |

step 1　先將紫蘇葉榨汁並濾掉渣滓，裝袋後再製成冰磚備用。

step 2　量秤好所需的鹼與紫蘇冰塊。並進行溶鹼。

step 3　再將油品備好，固態油需採隔水加熱溶解，待油溫稍降些再加入軟油。

step 4　等待油溫度大約 50℃以下，即可進行油鹼混合。

step 5　先持續攪拌 15 分鐘。皂液會因混合而逐漸改變。

step 2

step 3

step 4

step **6** 　攪拌 15 分鐘後，休息 10 分鐘。準備所需的添加物。

step **7** 　10 分鐘後再繼續攪拌，查看皂液是否進入可出現劃線痕的 light trace 狀態。

step **8** 　加入所需茶樹精油至入皂液並攪拌。

step **9** 　確定皂液到達 trace 狀態之後便，可入模且放入保溫箱保溫。

step 8

step 9

### 天使媽的小教室

夾鏈袋也是分裝蔬果汁的好幫手，通常天使媽媽會
量好所需的量，在入冷凍庫直接保存，要做皂使用
時直接將冰塊從夾鏈袋取出使用就好了 !!
建議蔬果汁入夾鏈袋前可以先用奇異筆寫上盛裝的
內容名稱，這樣比較不會因為時間久了就忘記裡頭
裝的是什麼喔！

# 紫草
## 酪梨皂

紫草根是一種具有很好抗菌、修復、收斂、活血消腫等功能的植物。同時能舒緩蚊蟲叮咬的不適感，尤其是問題肌膚、濕疹等都有不錯的效果。添加了酪梨和乳油木果脂，除了加強硬度外，對肌膚也有包覆的滋潤效果，很適合冬天來使用。

## 準備原料

| A 油品 | 重量 (g) | 比例 (%) | 備註 |
|---|---|---|---|
| 紫草浸泡橄欖油 | 175 | 35 | |
| 椰子油 | 75 | 15 | |
| 棕櫚油 | 100 | 20 | |
| 酪梨油 | 100 | 20 | |
| 乳油木果脂 | 50 | 10 | |
| 總油量 | 500 | 100 | |

| B 鹼水 | 重量 (g) | 備註 |
|---|---|---|
| 氫氧化鈉 | 71 | |
| 水 | 170 | 約鹼的 2.4 倍 |

| C 添加物 | 重量 (g) | 備註 |
|---|---|---|
| 薰衣草精油 | 10cc | 精油添加量可自行斟酌，約油品 2% 即可 |

| D 手工皂性質 | ☆☆☆☆☆ |
|---|---|
| 清潔力 Cleansing | ★☆☆☆☆ |
| 起泡度 Bubbly | ★☆☆☆☆ |
| 保濕力 Condition | ★★★★★ |
| 穩定度 Creamy | ★★★☆☆ |
| 硬度 Hardness | ★★★☆☆ |
| INS 值 | 137.3 |

## 製皂方法

step 1 　將紫草浸泡油過濾後，量秤好所需用量的鹼與油品。

step 2 　將所需要的油品量秤好，並將油加熱溶解為液態。

step 3 　等待油溫度大約 50℃以下。

step 4 　將鹼液倒入量秤好油鍋中，開始攪拌。

step 5 　油與鹼開始混合後，持續攪拌 15 分鐘，皂液會因混合顏色呈現藍紫色。

 step 1
 step 2
 step 3
 step 4

step 6    15 分鐘之後可停放 10 分鐘靜止不動。

step 7    10 分鐘之後再攪打，觀看皂液有無變濃稠 (trace)，此時可調入精油。

step 8    確定皂液到達 trace 狀態之後便可以入模且放入保溫箱保溫。

step 6

step 7

step 8

【天使媽小提醒】

紫草浸泡出來油呈現很深的深紫色，
製作過程中會散發出一股紫草味，這
是正常的，製作出來的皂也會因為浸
泡油浸漬時間長短而所有不同，此配
方的紫草浸漬油約一年，完成的皂會
呈現較深的藍紫色，如果浸泡時間較
短，則會呈現較淡淡的藕色。

浸泡較久的紫草油，
做出來的成品黑的很
有特色～

# 阿勒坡
# 綠寶皂

從古老的敘利亞流傳下來，以月桂果油和橄欖油所搭配
創造出完美比例的手工皂，其泡沫溫和細緻，在親膚性
與潤澤度都很強之下，對於改善問題肌膚尤其好用，加
上皂體會散發出自然的清香，更有助舒展身與緩解壓力。

## 📖 準備原料

| A 油品 | 重量 (g) | 比例 (%) | 備註 |
|---|---|---|---|
| 棕櫚油 | 100 | 20 | |
| 椰子油 | 75 | 15 | |
| 橄欖油 | 225 | 45 | |
| 月桂果油 | 100 | 20 | |
| 總油量 | 500 | 100 | |

| C 添加物 | 重量 (g) | 備註 |
|---|---|---|
| 乳香精油 | 5cc | 精油添加量可自行斟酌，約油品 2% 即可 |
| 岩蘭草精油 | 5cc | |

| D 手工皂性質 | ☆☆☆☆☆ |
|---|---|
| 清潔力 Cleansing | ★★☆☆☆ |
| 起泡度 Bubbly | ★★☆☆☆ |
| 保濕力 Condition | ★★★★★ |
| 穩定度 Creamy | ★★★★☆ |
| 硬度 Hardness | ★★★☆☆ |
| INS 值 | 132.8 |

| B 鹼水 | 重量 (g) | 備註 |
|---|---|---|
| 氫氧化鈉 | 71 | |
| 水 | 170 | 約鹼的 2.4 倍 |

## 🤚 製皂方法

step 1　將量秤好的冰塊與鹼，進行溶鹼。

step 2　將所需要的油品量秤好，並將固體油先加熱溶解為液態。

step 3　加入軟油，待油溫度降至 50℃ 以下，進行油鹼混合。

step 4　持續攪拌 15 分鐘，皂液會因混合而開始產生變化。

step 5　15 分鐘後稍停，靜止 10 分鐘不動。此時可另備所需之添加物。

step 6　10 分鐘後繼續攪動皂液，並查看是否進入可劃出線痕的 light trace 狀態。

step 3

step 4

step **7**　加入所需精油至皂液並攪拌。

step **8**　確定皂液到達濃 trace 狀態之後便，可入模且放入保溫箱保溫。

step 7

step 8

### 天使媽的小教室

很多人誤以為月桂油是以月桂葉浸漬油品而來的，這誤會可大了。而是利用月桂的
果漿壓榨而成，因為未精緻含不皂化物成分較多，TRACE 速度較快，要注意打皂時
溫度可以不要太高，就算冷油冷鹼也沒關係，這樣打皂起來比較不會慌亂。
添加高比例的月桂果油也可以試試不添加精油，其濃濃的藥草味也許你會喜愛，目
前還沒有人不喜愛這天然草本的味道。

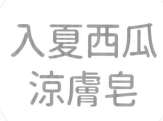

# 入夏西瓜
## 涼膚皂

一款夏日限定的涼爽皂款，利用夏天盛產的新鮮西瓜榨成汁後再凍成冰塊拿來入皂，享受清爽的洗感。新鮮的西瓜皮含有豐富的瓜胺酸，能使血管放鬆，有清熱、消水腫的作用，搭配滲透力佳且含多種抗氧化物質的葡萄籽油與能舒爽肌膚的薄荷腦，所製成的手工皂可是清爽又溫和哦，幫肌膚涼一下！

## 準備原料

| A 油品 | 重量 (g) | 比例 (%) | 備註 |
|---|---|---|---|
| 椰子油 | 100 | 20 | |
| 棕櫚油 | 100 | 20 | |
| 橄欖油 | 250 | 50 | |
| 葡萄籽油 | 50 | 10 | |
| 總油量 | 500 | 100 | |

| B 鹼水 | 重量 (g) | 備註 |
|---|---|---|
| 氫氧化鈉 | 72 | |
| 西瓜皮汁 (結冰) | 170 | 約鹼的 2.4 倍 |

| C 添加物 | 重量 (g) | 備註 |
|---|---|---|
| 薄荷腦 | 15g | |
| 法國粉紅礦泥粉 | 10g | |
| 佛手柑精油 | 4cc | 精油添加量可自行斟酌，約油品 2% 即可 |
| 山雞椒精油 | 3cc | |
| 歐薄荷精油 | 3cc | |

| D 手工皂性質 | ☆☆☆☆☆ |
|---|---|
| 清潔力 Cleansing | ★★☆☆☆ |
| 起泡度 Bubbly | ★★☆☆☆ |
| 保濕力 Condition | ★★★★☆ |
| 穩定度 Creamy | ★★★☆☆ |
| 硬度 Hardness | ★★★★☆ |
| INS 值 | 141.7 |

## 製皂方法

[ 製造西瓜汁冰磚 ]

step 1　取西瓜白色果肉與連帶的紅色部分果肉榨成汁。

step 2　利用濾布出無渣的西瓜汁。

step 3　再放入製冰器內，製成冰磚。

step 1

step 2

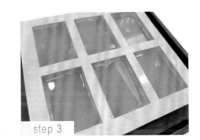
step 3

[ 製作手工皂 ]

step 1　量取所需的鹼與西瓜冰磚，進行溶鹼。

step 2　量取所需的油品，硬油要先隔水加熱融化，待油溫稍降再加入軟油。

step 3　待油溫降至約 50℃以下，倒入薄荷腦拌勻。

step 4　再將法國粉紅礦泥粉倒入油中攪拌均勻。

step 5　以冰塊溶鹼溶完鹼溫度會比較低，不需再加熱至 50 度即可與油混合。

step 6　先持續攪拌 15 分鐘，讓皂液混合。使皂液慢慢變色。

step 7　休息 10 分鐘，可準備所需的精油。

step 8　10 分鐘後續攪拌至皂液有輕微的畫痕出現。此時可倒入精油。

step 9　續攪拌到濃稠狀，便可以入模。

step 10　放入保麗龍的保溫箱內，1～2 天後記得取出切皂。

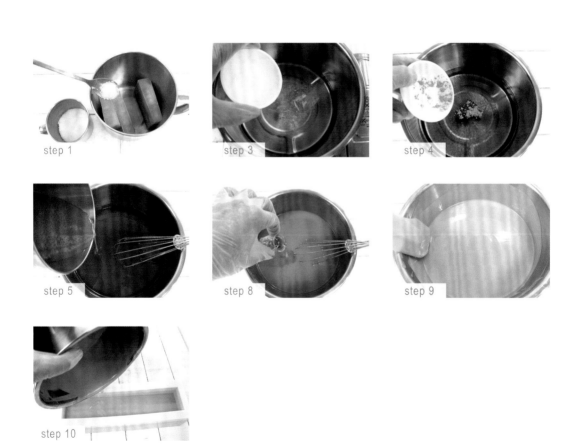

step 1　　　　step 3　　　　step 4

step 5　　　　step 8　　　　step 9

step 10

**天使媽的小教室**

此皂款配方當中有薄荷腦,需要將薄荷腦加入油中並加
熱溶解。此步驟可在溶固體油時一起進行,若不喜歡太
有涼爽感的人,薄荷腦就不要放。

清新、醒腦的薄荷味
能解夏天的煩燥哦~

# 蘆薈榛果
保濕皂

炎炎夏日，肌膚很容易因日曬而流失水，而具有消炎、止痛、鎮熱與調節皮脂分泌的蘆薈，其親膚性的保水力極好，搭配能提供深層且高效保濕的榛果油以及泡沫綿密的乳油木果脂，這樣組合的皂體可是能同時滋潤與強化肌膚的鎖水力哦。

## 準備原料

| A 油品 | 重量 (g) | 比例 (%) | 備註 |
|---|---|---|---|
| 榛果油 | 165 | 33 | |
| 乳油木果脂 | 100 | 20 | |
| 棕櫚油 | 100 | 20 | |
| 椰子油 | 100 | 20 | |
| 蓖麻油 | 35 | 7 | |
| 總油量 | 500 | 100 | |

| C 添加物 | 重量 (g) | 備註 |
|---|---|---|
| 迷迭香精油 | 3 | 精油添加量可自行斟酌，約油品 2% 即可 |
| 雪松精油 | 2 | |
| 安息香精油 | 2 | |
| 白千層精油 | 3 | |

| B 鹼水 | 重量 (g) | 備註 |
|---|---|---|
| 氫氧化鈉 | 72 | |
| 蘆薈汁 | 175 | 約鹼的 2.4 倍 |

| D 手工皂性質 | ☆☆☆☆☆ |
|---|---|
| 清潔力 Cleansing | ★☆☆☆☆ |
| 起泡度 Bubbly | ★☆☆☆☆ |
| 保濕力 Condition | ★★★★★ |
| 穩定度 Creamy | ★★☆☆☆ |
| 硬度 Hardness | ★★★★☆ |
| INS 值 | 141.5 |

## 製皂方法

step 1　將製好的蘆薈汁冰塊與量秤好的鹼，進行溶鹼。

step 2　將所需要的油品量秤好，並將固體油先加熱溶解為液態。

step 3　加入軟油，待油溫度降至 50℃以下。

step 4　油鹼混合，將鹼液倒入油鍋中後開始攪拌。

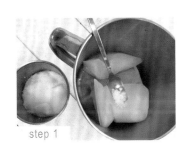
step 1

step 2

step 3

step 5　　持續攪拌 15 分鐘，皂液會因混合而開始產生變化。

step 6　　15 分鐘後稍停，靜止 10 分鐘不動。此時可另備所需之添加物。

step 7　　10 分鐘後繼續攪動皂液，並查看是否進入可劃出線痕的 light trace 狀態。

step 8　　加入所需精油至皂液並攪拌。

step 9　　確定皂液到達濃 trace 狀態之後便，可入模且放入保溫箱保溫。

step 8

step 9

step 10

【蘆薈的處理】

1. 取得蘆薈之後要先將蘆薈洗淨,底部切掉。
2. 蘆薈葉片的兩側有刺,可先用刨刀將其去除,以免去皮時被刺到。
3. 取出果肉,將蘆薈切段去皮即可。
4. 去皮後的果肉呈半透明狀可以直接入果汁機打成汁,打完之後會有很多泡泡。
5. 打成蘆薈汁會產生綿密的泡沫,需等泡沫消退後再分裝秤好盛裝放入冷凍庫。

## 天使媽的小教室

榨好的蘆薈汁不需要過濾,其他像香草葉菜類與水果類的果渣太多,就必需過濾,因為渣渣太多不過濾,很容易在成皂時因為含水量過多造成酸敗機會提高。

四季
平安乳皂

這是一款家中有小寶寶必打的安心皂，主要是在皂液中添加了艾草，抹草，芙蓉和香茅混合的平安粉。其散發出的青草味能穩定情緒和具有防蚊蟲避邪等作用。而含有脂質的牛奶讓皂體多了一份滋潤感，加上甜杏仁油能滋養與紓緩乾燥易發癢的肌膚，也讓呵護多一層哦！

## 準備原料

| A 油品 | 重量 (g) | 比例 (%) | 備註 |
|---|---|---|---|
| 椰子油 | 40 | 8 | |
| 棕櫚油 | 100 | 20 | |
| 橄欖油 | 185 | 37 | |
| 甜杏仁油 | 75 | 15 | |
| 乳油木果脂 | 100 | 20 | |
| 總油量 | 500 | 100 | |

| B 鹼水 | 重量 (g) | 備註 |
|---|---|---|
| 氫氧化鈉 | 69 | |
| 水 | 100 | 約鹼的 2.4 倍 |
| 牛奶 | 65 | |

| C 添加物 | 重量 (g) | 備註 |
|---|---|---|
| 平安粉 | 25 | |

| D 手工皂性質 | ☆☆☆☆☆ |
|---|---|
| 清潔力 Cleansing | ★☆☆☆☆ |
| 起泡度 Bubbly | ★★☆☆☆ |
| 保濕力 Condition | ★★★★★ |
| 穩定度 Creamy | ★★★☆☆ |
| 硬度 Hardness | ★★☆☆☆ |
| INS 值 | 127.7 |

## 製皂方法

step 1　秤好所需的鹼與水量,並進行溶鹼。量油過程中可先將鹼液隔水降溫。

step 2　將所需要油品秤,固體油可先以溫水加熱溶為液態油再加入軟油。

step 3　先將平安粉先倒入油中攪拌均勻。

step 4　等待油溫與鹼水溫度約降至 50℃以下。即可著手混合。

step 1

step 3

step 4

step 5  將油鹼混合開始攪拌勻後,再加入牛奶持續攪拌 15 分鐘。

step 6  皂液因為混合顏色會產生變化。15 分鐘後,休息 10 分鐘。

step 7  接著再繼續做攪拌動作,此時可選擇添加或不添加精油。

step 8  確定皂液是否到達 trace 狀態,便可入模且放入保溫箱保溫。

step 5-1

step 5-2

step 8

## 天使媽的小教室

此配方因直接添加牛奶,所以把溶鹼的水減少,若其他配方也想添加牛奶,此時先以 2.4 倍算出總水量。再以鹼量 ×1.5 倍來計算水量溶鹼即可,總量減掉水量,其它部分用牛奶補足即可。

以此款四季平安乳皂為例:

69X2.4=165.6

69X1.5=103.5( 水取 100)

165.6-100=65.6( 牛奶 )

棕櫚油、椰子油與乳木果油,在冬天時會冬化凝結,可以先測量好這些硬油一起加熱成液態後再入其他軟油,以免一起加熱溫度過高必需再降溫,這樣可以節省很多時間喔!

Part 4

炫技的手工皂

# 活力澳洲胡桃皂

以清爽的 100% 澳洲胡桃油製皂時，會散發出濃濃的堅果香，聞起來舒服，洗感也很好，洗臉、洗髮都適用。主要是未精製澳洲胡桃油含有大量的棕櫚油酸，而棕櫚油酸在皮膚細胞的再生中有助於傷口或濕疹的修復，因此也非適合皮膚較乾燥或有敏感性問題使用。

## 準備原料

| A 油品 | 重量 (g) | 比例 (%) | 備註 |
|---|---|---|---|
| 未精緻澳洲胡桃油 | 500 | 100 | |
| 總油量 | 500 | 100 | |

| B 鹼水 | 重量 (g) | 備註 |
|---|---|---|
| 氫氧化鈉 | 69 | |
| 水 | 165 | 約鹼的 2.4 倍 |

| C 添加物 | 重量 (g) | 備註 |
|---|---|---|
| 皂邊 | 適量 | 可自行斟酌 |

| D 手工皂性質 | ☆☆☆☆☆ |
|---|---|
| 清潔力 Cleansing | ★☆☆☆☆ |
| 起泡度 Bubbly | ☆☆☆☆☆ |
| 保濕力 Condition | ★★★★★ |
| 穩定度 Creamy | ★★☆☆☆ |
| 硬度 Hardness | ★☆☆☆☆ |
| INS 值 | 119 |

【事前準備】
● 收集皂邊

## 製皂方法

step 1　量取所需的鹼與水後，進行溶鹼。並待降溫。

step 2　量取所需的油品，將固體油以隔水加熱法先溶解，再倒入其它液體油。

step 3　等待油溫與鹼液都降至約 35 ～ 40 度 C 以下。即可混合打皂。

step 4　將鹼液倒入油鍋中後開始攪拌。

step 5　先持續攪拌 15 分鐘，讓皂液混合。

step 6　皂液會慢慢變色，15 分鐘後休息 10 分鐘，可準備所需的添加物。

step 4

step 5

[ 填皂技法 ]

step **7**　10 分鐘後繼續攪拌至皂液有出現劃痕後，可調入精油。

step **8**　準備好切好大小的皂邊。

step **9**　倒入吐司模入約 7 分滿。

step **10**　開始插入皂邊片。

step **11**　依序將皂邊片排列整個插滿。

step **12**　使用湯匙舀皂液慢慢倒入覆蓋皂邊。

step **13**　整個面都覆蓋皂液，土司模輕輕拿起敲打使皂液平整。

step **14**　放入保麗龍的保溫箱內，一天後記得取出切皂。

step 8

step 9

step 10

step 11-1

step 11-2

step 12

step 13

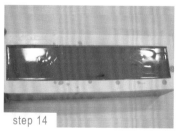
step 14

## 【天使媽的小提醒】

平常可以將切皂留下來的皂片保存起來，放在
通風備用。此款皂，因為沒有再混合其它油品，
在整體上較為柔和些，我特別在皂裡加了之前
多下來的皂邊，不僅可以讓皂多點變化，也讓
皂體堅實一點哦！只是不宜添加比例太高。
這款皂保濕力很高，但清潔力與起泡度可能較
不足，在配方上可以自行稍做調整，但記得調
整油品，其配方總得要重新計算哦！

讓每塊手工皂都充滿
隨興的藝術感！

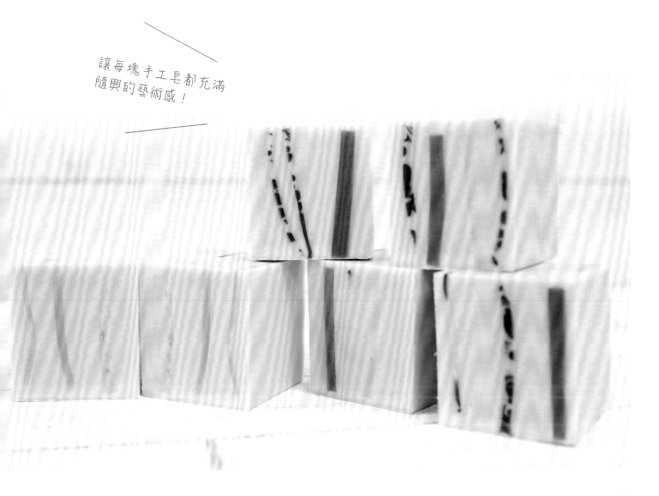

# 苦茶胚芽
燕麥皂

具有高度保濕、修護與去角質功能，主要是添加燕麥和極具滋潤的胚芽油與苦茶油，在備長炭粉深層潔淨下，還能保有水水的功能哦。此皂體以分層結合了同心圓技法，讓洗感多了幾分層次感。

## 準備原料

| A 油品 | 重量 (g) | 比例 (%) | 備註 |
|---|---|---|---|
| 椰子油 | 150 | 15 | |
| 棕櫚油 | 200 | 20 | |
| 苦茶油 | 500 | 50 | |
| 蓖麻油 | 70 | 7 | |
| 小麥胚芽油 | 80 | 8 | |
| 總油量 | 1000 | 100 | |

| B 鹼水 | 重量 (g) | 備註 |
|---|---|---|
| 氫氧化鈉 | 143 | |
| 水 | 345 | 約鹼的 2.4 倍 |

| D 手工皂性質 | ☆☆☆☆☆ |
|---|---|
| 清潔力 Cleansing | ★☆☆☆☆ |
| 起泡度 Bubbly | ★★☆☆☆ |
| 保濕力 Condition | ★★★★★ |
| 穩定度 Creamy | ★★★★☆ |
| 硬度 Hardness | ★★★★☆ |
| INS 值 | 143 |

| C 添加物 | 重量 (g) | 備註 |
|---|---|---|
| 燕麥 | 20g | |
| 洛神花粉 | 20g | |
| 備長炭粉 | 5g | |
| 山雞膠精油 | 4cc | 精油添加量可自行斟酌,約油品 2% 即可 |
| 薰衣草精油 | 15cc | |
| 洋甘菊精油 | 1cc | |

【準備工具】
● 吐司模子 18*24*6
● 3 個分色量杯

## 製皂方法

step 1　先將皂液攪打混合後,加入精油攪拌均勻。

step 2　攪拌均勻之後,將皂液平分成兩鍋 (A.B 鍋 )。

step 3　取其中一鍋加入燕麥攪拌均勻。

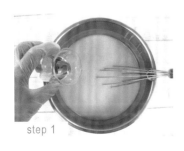
step 1

step 2

step 3

step **4**　調色，將拌好燕麥的皂液加入洛神花粉調色 A。

step **5**　可利用直立式攪拌器幫忙打皂約 1 分鐘。注意不要打太久，也不要直接打到濃稠 trace 狀。

step **6**　打到 light trace 之後改為手動攪拌。皂液入模，可敲敲皂模使皂液平整。

step **7**　約等 10 鐘後抬高皂模，若已凝結即可準備下一層皂液，如有流動則需再等會。

step **8**　皂液不動之後，可將另一鍋 B 分成 C、D 兩鍋。C 鍋量為 2/3 皂液。D 鍋量為 1/3 皂液。

step **9**　D 鍋加入備長炭並攪拌均勻。

step **10**　將 C 鍋的皂液用湯匙搖至步驟 7 皂模已凝結的皂液表面上，用量約 C 鍋的一半即可。

step **11**　倒入的皂液也敲一敲皂模使其平整，即可接下來準備畫皂。

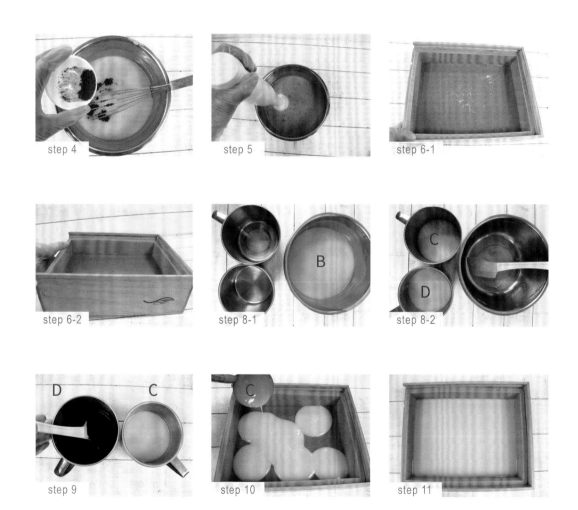

step 4　　　　step 5　　　　step 6-1

step 6-2　　　step 8-1　　　step 8-2

step 9　　　　step 10　　　　step 11

## 🌸 拉花技巧

step **1**　用湯匙取備長炭皂液至剛剛完成步驟之皂液表面，備長炭皂液會成圓狀慢慢散開。

step **2**　平均分配，約放 6 個圓（如圖）。

step **3**　接下來取 C 色皂液倒在備長炭皂液上，此時備長炭皂液的圓會慢慢被推開變大（如圖）。

step **4**　同作法依序將備長炭皂液與原色皂液倒入。

step **5**　同作法在 6 個圓交錯間在畫圓，直到皂液倒完即完成。

step **6**　入保溫箱保溫。

step 1

step 2

step 3-1

step 3-2

step 3-3

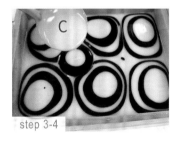
step 3-4

step 4

step 5

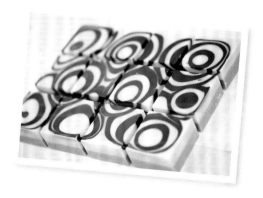

# 榛果香橙
# 寶貝皂

含有大量胡蘿蔔素與天然維他命 E 的紅棕櫚油，搭配滋潤度與保濕極佳的榛果油與清爽蓖麻油，再調入有助舒眠、改善焦慮及平衡油脂、改善問題肌膚的精油，製成穩定性佳，適合寶貝的幼嫩膚質，對於有小痘痘的問題肌膚也有改善功能哦！

## ❀ 拉花技巧

step 1　用湯匙取備長炭皂液至剛剛完成步驟之皂液表面，備長炭皂液會成圓狀慢慢散開。

step 2　平均分配，約放 6 個圓 ( 如圖 )。

step 3　接下來取 C 色皂液倒在備長炭皂液上，此時備長炭皂液的圓會慢慢被推開變大 ( 如圖 )。

step 4　同作法依序將備長炭皂液與原色皂液倒入。

step 5　同作法在 6 個圓交錯間在畫圓，直到皂液倒完即完成。

step 6　入保溫箱保溫。

step 1

step 2

step 3-1

step 3-2

step 3-3

step 3-4

step 4

step 5

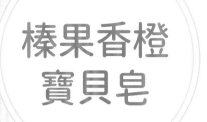

# 榛果香橙
# 寶貝皂

含有大量胡蘿蔔素與天然維他命 E 的紅棕櫚油，搭配滋潤度與保濕極佳的榛果油與清爽蓖麻油，再調入有助舒眠、改善焦慮及平衡油脂、改善問題肌膚的精油，製成穩定性佳，適合寶貝的幼嫩膚質，對於有小痘痘的問題肌膚也有改善功能哦！

## 準備原料

| A 油品 | 重量 (g) | 比例 (%) | 備註 |
|---|---|---|---|
| 椰子油 | 40 | 8 | |
| 紅棕櫚油 | 125 | 25 | |
| 蓖麻油 | 35 | 7 | |
| 榛果油 | 300 | 60 | |
| 總油量 | 500 | 100 | |

| B 鹼水 | 重量 (g) | 備註 |
|---|---|---|
| 氫氧化鈉 | 71 | |
| 水量 | 170 | 約鹼的 2.4 倍 |

| D 手工皂性質 | ☆☆☆☆☆ |
|---|---|
| 清潔力 Cleansing | ★☆☆☆☆ |
| 起泡度 Bubbly | ★★☆☆☆ |
| 保濕力 Condition | ★★★★★ |
| 穩定度 Creamy | ★★★★☆ |
| 硬度 Hardness | ★★☆☆☆ |
| INS 值 | 121.4 |

| C 添加物 | 重量 (g) | 備註 |
|---|---|---|
| 甜橙精油 | 5cc | 精油添加量可自行斟酌，約油品 2%即可 |
| 洋甘菊精油 | 3cc | |
| 安息香精油 | 2cc | |
| 備常炭 | 7g | |

## 製皂方法

step 1　將量秤好的冰塊與鹼，進行溶鹼。

step 2　將所需要的油品量秤好，並將固體油先加熱溶解為液態。

step 3　加入軟油，待油溫度降至 50℃以下。

step 4　油鹼混合，將鹼液倒入油鍋中後開始攪拌。

step 5　持續攪拌 15 分鐘，皂液會因混合而開始產生變化。

step 6　15 分鐘後稍停，靜止 10 分鐘不動。此時可另備所需之添加物。

step 7　10 分鐘後繼續攪動皂液，並查看是否進入可劃出線痕的 light trace 狀態。

step 8　加入所需精油至皂液並攪拌。

step 1　將皂液平分為兩鍋，一鍋加上備常炭並攪拌均勻。

step 2　將土司模放置皂液放在旁邊，這樣操作會較方便。

step 3　搖一湯匙原色的皂液由左至右。

step 4　搖一湯匙備常炭的皂液由左至右，重疊到原色也沒關係。

step 5　倒的時候細細的一邊到一邊由左至右即可。

step 6　重複兩色依序的動作直到皂液倒完即可。

step 7　放入保溫箱保溫 1 天至 2 天時間。

step 1-1

step 1-2

step 2

step 3

step 4

step 5

step 6

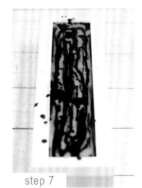
step 7

# 月見草
## 金盞皂

月見草，因花朵盛開於夜間而美麗。其油品在護膚上也有顯著的抗老美麗傳說，和金盞花同樣對於敏感性肌膚都有舒緩功效，在分子細小的乳油木果脂帶動下與浸泡過橄欖油的滋潤下，成為清爽不油膩還能鎖水的保濕皂。

| A 油品 | 重量 (g) | 比例 (%) | 備註 |
|---|---|---|---|
| 椰子油 | 150 | 15 | |
| 棕櫚油 | 200 | 20 | |
| 金盞花浸泡橄欖油 | 380 | 38 | |
| 乳油木果脂 | 200 | 20 | |
| 月見草油 | 70 | 7 | |
| 總油量 | 1000 | 100 | |

| B 鹼水 | 重量 (g) | 備註 |
|---|---|---|
| 氫氧化鈉 | 141 | |
| 水 | 340 | 約鹼的 2.4 倍 |

| D 手工皂性質 | ☆☆☆☆☆ |
|---|---|
| 清潔力 Cleansing | ★☆☆☆☆ |
| 起泡度 Bubbly | ★★☆☆☆ |
| 保濕力 Condition | ★★★★★ |
| 穩定度 Creamy | ★★★★☆ |
| 硬度 Hardness | ★★★☆☆ |
| INS 值 | 134.4 |

| C 添加物 | 重量 (g) | 備註 |
|---|---|---|
| 金盞粉 | 10g | |
| 備常炭粉 | 5g | |
| 二氧化鈦粉 | 1g | 加水調勻 |
| 雪松精油 | 3cc | 精油添加量可自行斟酌，約油品 2% 即可 |
| 白千層精油 | 7cc | |
| 薰衣草精油 | 10cc | |

## 製皂方法

step 1　將量秤好的冰塊與鹼，進行溶鹼。

step 2　量取所需要油品量，並將乳木果脂等硬油加熱溶解為液態。

step 3　加入軟油，待油溫度降至 50℃以下。

step 4　再依基本打皂法，將皂液攪打充分混合後，加入金盞粉攪勻。至可劃出線痕的 light trace 狀態。

step 1

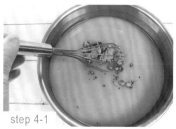
step 4-1

step 4-2

## ✿ 拉花技巧

step **1**　先取 3 個杯子，先將色粉分別放入。

step **2**　每杯各取約 30cc 左右的皂液作攪拌均。

step **3**　再各添加 120g 的皂液攪拌均勻。

step **4**　取土司渲染模，先倒入一層打好的基本的皂液。

step **5**　畫直線，接著將調有金盞粉平均畫上直線條。(如圖)

step **6**　再依序將備常炭皂液與二氧化鈦皂液平均畫上直線，之後輕輕將渲染盤敲一敲。

step **7**　使用玻璃攪拌棒或溫度計由左上往下開始拉線。畫到底，棒子不拿起來，再由下回
　　　　　到上方。間隔不要太大。

step 1

step 2

step 3

step 5

step 6

step 7-1

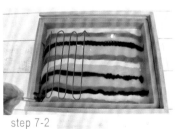
step 7-2

step 7-3

step 7-4

step 8　　拉完線後，再沿著吐司模邊劃一圈收尾，回到畫線起點。

step 9　　劃 S 線，由左至右劃 S 線條。再由右至左劃 S 線條。

step 10　璃棒不拉起，再沿四周繞兩圈，至角落將玻璃棒慢慢提起即可。

step 7-5

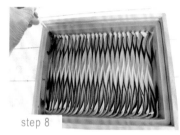
step 8

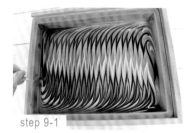
step 9-1

step 9-2

step 9-3

step 9-4

step 9-5

step 10

**天使媽的小教室**

二氧化鈦須加少許水調勻，以 1:1 方式，
即 1 克二氧化鈦約取 1 克水調勻。

# 山茶花
# 全效護髮皂

素有東方橄欖油之稱的山茶花油，有著清爽洗感，具滋潤護髮的功能。這款有著華麗花紋的渲染皂，是利用四個邊角相對稱將線條拉出漂亮如飄在雲端的羽毛。在作品完成後，可洗臉、洗頭和全身，是塊實用又美麗的手工皂。

| A 油品 | 重量 (g) | 比例 (%) | 備註 |
|---|---|---|---|
| 椰子油 | 200 | 20 | |
| 棕櫚油 | 200 | 20 | |
| 山茶花油 | 500 | 50 | |
| 乳木果脂 | 100 | 10 | |
| 總油量 | 1000 | 100 | |

| B 鹼水 | 重量 (g) | 備註 |
|---|---|---|
| 氫氧化鈉 | 144 | |
| 水 | 350 | 約鹼的 2.4 倍 |

| C 添加物 | 重量 (g) | 備註 |
|---|---|---|
| 玫瑰天竺葵精油 | 15cc | 精油添加量可自行斟酌，約油品 2%即可 |
| 大黃粉 | 15g | 底色用 |
| 可可粉 | 10g | |
| 橘色色粉 | 0.25g | |
| 鵝黃色色粉 | 0.25g | |
| 紫色色粉 | 0.25g | |

| D 手工皂性質 | ☆☆☆☆☆ |
|---|---|
| 清潔力 Cleansing | ★☆☆☆☆ |
| 起泡度 Bubbly | ★★☆☆☆ |
| 保濕力 Condition | ★★★★☆ |
| 穩定度 Creamy | ★★★☆☆ |
| 硬度 Hardness | ★★★★☆ |
| INS 值 | 146.2 |

【準備工具】
- 吐司模子 18*24*6
- 3 個分色量杯

製皂方法

step 1　將油鹼溫度控制在約 45°C以下，將鹼液倒入油鍋裡攪拌均勻。

step 2　先製作主體皂，攪伴均勻後先將粉色色粉與精油加入鍋中，使整鍋油顏色與精油攪勻並持續攪拌。

step 3　製作渲染皂液，準備 4 個分色量杯，分別加入可可粉、橘色色粉、鵝黃色色粉與紫色色粉。

step 4　攪伴至 light Teace 便可以將主皂液分色調勻，每杯約 250cc。

step 5　將剩餘的主皂液先倒入渲染盤中當底。

step 6　接著以四個角為圓心將皂液緩緩倒入渲染盤中。

step 7　利用對角線的概念將四色都倒完。

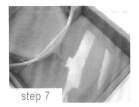

step 2

step 4

step 6

step 7

step 8　將玻璃棒由 1 吐司模邊插到底後向外畫,一直畫到 2 的吐司模邊形成一個心型。
再將畫棒取出。

step 9　3 跟 4 的圓以同樣方式進行畫線。

step 10　重複步驟 8 跟 9 的方式,畫出 4 條線條出來。

step 8

step 9

step 10

step 11 接著以 1 至 4 對向畫線為延伸。由皂模邊開始。

step 12 另一邊也是由 3 至 2 的對向畫線。

step 13 接著將 3、4 拉出葉形尾端，注意畫的線必須在兩線之間。

step 14 重複步驟 12 跟 13 的方式，畫出 4 條線條出來。

step 11

step 12

step 13

step 14
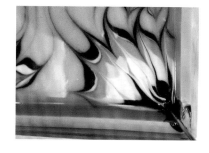 

（註：此作品特別使用對比較強的顏色來做示範，更能突顯線條的教學。）

## 天使媽的小教室

劃線的工具可以使用溫度計、玻璃棒、筷子等類似圓形長條狀的物品。

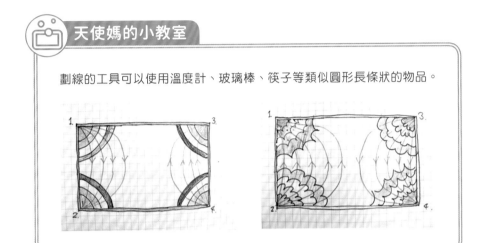

流暢的線條，
是一場華麗的演繹

# 香蜂開心木紋皂

利用線條與層層的堆疊下，形成如木紋般的花紋。慢慢地讓層次增加，紋路會更細膩。而帶著檸檬清香的香蜂草在古老世紀裡即被認為具有趕走悲傷，帶來心靈快樂的魔力。

## 準備原料

| A 油品 | 重量 (g) | 比例 (%) | 備註 |
|---|---|---|---|
| 香蜂草浸泡橄欖油 | 300 | 30 | |
| 可可脂 | 200 | 20 | |
| 椰子油 | 100 | 10 | |
| 棕櫚油 | 100 | 10 | |
| 開心果油 | 300 | 30 | |
| 總油量 | 1000 | 100 | |

| B 鹼水 | 重量 (g) | 備註 |
|---|---|---|
| 氫氧化鈉 | 139 | |
| 水量 | 340 | 約鹼的 2.4 倍 |

**【準備工具】**
- 吐司模子 18*24*6
- 3 個分色量杯
- 1 ～ 2 個紙碗

| C 添加物 | 重量 (g) | 備註 |
|---|---|---|
| 香蜂草精油 | 10cc | 精油添加量可自行斟酌，約油品 2% 即可 |
| 苦橙葉精油 | 10cc | |
| 薑黃粉 | 10g | 打底用 |
| 備長炭粉 | 5g | 第一杯 |
| 薑黃粉 | 5g | 第二杯 |
| 茶樹粉 | 10g | 第三杯 |

| D 手工皂性質 | ☆☆☆☆☆ |
|---|---|
| 清潔力 Cleansing | ★☆☆☆☆ |
| 起泡度 Bubbly | ★☆☆☆☆ |
| 保濕力 Condition | ★★★★★ |
| 穩定度 Creamy | ★★★☆☆ |
| 硬度 Hardness | ★★★☆☆ |
| INS 值 | 132 |

## 製皂方法

step 1　將量秤好的冰塊與鹼，進行溶鹼。

step 2　量取所需要油品量，並將可可脂硬油加熱溶解為液態。

step 3　加入軟油，待油溫度降至 50℃以下。

step 4　再依基本打皂法加入薑黃粉做為皂液的底。

step 2

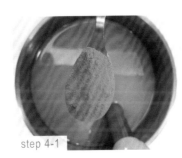
step 4-1

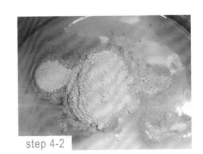
step 4-2

step **1**　先將皂液打好,舀出少量皂液三杯,並調入配方的色粉後攪勻。

step **2**　攪勻後,再將每杯皂液各調入 200 克的基本皂液,調勻。

step **3**　準備寬口的紙碗,將一側折成尖嘴。

step **4**　舀一湯匙底色皂液於寬口紙碗中。

step **5**　將三色皂液再分倒入底色皂液上。再用湯匙,稍做攪拌即可。

step **6**　以直線方式層層堆疊倒入長條吐司模。倒滿後,將吐司模敲一敲使皂液平整。

step **7**　利用長湯匙的尾端,在皂液中畫 2 ～ 3 筆樹輪。即完。

step 1　step 2　step 3

step 4　step 5-1　step 5-2

step 6-1　step 6-2　step 6-3

step 7

香蜂草浸泡橄欖油

製成浸泡油,真實釋放
出香蜂草的菁華,也可
以拿來炒菜增加風味。

愛的渲窩
婚禮皂

愛情來的時候，不知不覺得的就渲染開來。利用同心圓的方式將圓慢慢的擴
大，也意謂著愛的無限延伸。重點在皂液的濃度上不能太過濃稠，不然皂液會
呈現坨狀，就不易形成自然的流動線條了。

## 準備原料

| A 油品 | 重量 (g) | 比例 (%) | 備註 |
|---|---|---|---|
| 椰子油 | 150 | 15 | |
| 棕櫚油 | 200 | 20 | |
| 橄欖油 | 400 | 40 | |
| 蓖麻油 | 70 | 7 | |
| 米糠油 | 180 | 18 | |
| **總油量** | **1000** | **100** | |

| B 鹼水 | 重量 (g) | 備註 |
|---|---|---|
| 氫氧化鈉 | 141 | |
| 水 | 340 | 約鹼的 2.4 倍 |

| C 添加物 | 重量 (g) | 備註 |
|---|---|---|
| 橘色色粉 | 0.25 | 請自行調整顏色深淺 |
| 桃紫色粉 | 0.25 | 請自行調整顏色深淺 |
| 玫瑰香精 | 5cc | 請自行調整顏色深淺 |

| D 手工皂性質 | ☆☆☆☆☆ |
|---|---|
| 清潔力 Cleansing | ★☆☆☆☆ |
| 起泡度 Bubbly | ★★☆☆☆ |
| 保濕力 Condition | ★★★★☆ |
| 穩定度 Creamy | ★★★☆☆ |
| 硬度 Hardness | ★★★☆☆ |
| **INS 值** | **130.5** |

【準備工具】
- 吐司模子 12x12x15cm
- 3 個分色量杯

## 製皂方法

step 1　可依基本打皂法，將基本皂液攪打至可劃出線痕的 light trace 狀態。

## 拉花技巧

step 1　將皂液打好之後，平均分三杯並調好顏色。

step **2** 依照橘色、原色和桃紫色以同心圓方式到入。

step **3** 一次約 50cc 左右，可自行調整多寡。皂液較濃稠時，可以將皂模搖一搖，
讓皂液自然沉入。

step **4** 所有皂液倒完之後將模子敲一下，使皂液平整。

step 2-1

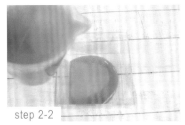
step 2-2

step 2-3

step 3-1

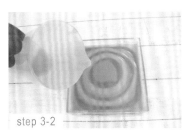
step 3-2

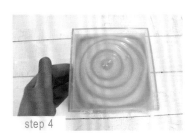
step 4

## 天使媽的小教室

模子大小、深度的影響：

不同容器有不同效果，使用渲染盤因為高度較
低，呈現出來線條較少，也可以將皂對剖，線條
也就會出現較多的紋路。

添加香精，有時會使皂液加速皂化，可先詢問購買
的廠商是否會加速皂化。若是屬於會加速的香精，可搭配精油減緩皂化的速度。

切皂方式：

脫模後的渲染皂會因切皂的
方向而產生不同的花紋。

一般利用深度較高的模子，
可以先橫切，再切成塊狀。

也可以切成大塊狀後，再以棋盤式切法。不妨都可以試試，切出來的面會出現
美麗的線條，因為每塊的線條都會不一樣，所以出現的驚喜感也不同。

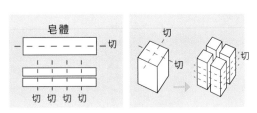

也可用圖形壓模
將手工皂壓成喜
歡的圖形哦。

# 陽光可可
# 雕花皂

有著鮮明亮麗橘紅色的棕櫚油，在向日葵花的襯托下閃著金色陽光般的溫暖。尤其在滋潤度很好的可可脂與可可粉搭配下，能發揮對皮膚的柔軟效果還具有淡淡甜的可可香氣。讓整個洗感更加舒適……

## 準備原料

| A 油品 | 重量 (g) | 比例 (%) | 備註 |
|---|---|---|---|
| 椰子油 | 150 | 15 | |
| 紅棕櫚油 | 200 | 20 | |
| 葵花油 | 100 | 10 | |
| 橄欖油 | 400 | 40 | |
| 可可脂 | 150 | 15 | |
| 總油量 | 1000 | 100 | |

| B 鹼水 | 重量 (g) | 備註 |
|---|---|---|
| 氫氧化鈉 | 143 | |
| 水量 A | 245 | 分成 2 杯 |
| 水量 B | 100 | |

| C 添加物 | 重量 (g) | 備註 |
|---|---|---|
| 無糖可可粉 | 35g | |
| 羅勒精油 | 3cc | 精油添加量可自行斟酌，約油品 2% 即可 |
| 檸檬精油 | 5cc | |
| 薰衣草精油 | 10cc | |
| 雪松精油 | 2cc | |

| D 手工皂性質 | ☆☆☆☆☆ |
|---|---|
| 清潔力 Cleansing | ★☆☆☆☆ |
| 起泡度 Bubbly | ★☆☆☆☆ |
| 保濕力 Condition | ★★★★★ |
| 穩定度 Creamy | ★★★☆☆ |
| 硬度 Hardness | ★★★★☆ |
| INS 值 | 142 |

【準備工具】
- 吐司模子 18*24*6
- 1 個分色量杯
- 2 個小量杯
- 雕刻刀

## 製皂方法

step 1　依基本製皂方式，將皂液打到好皂加入精油。( 此鍋使用水量 A=245cc)

step 2　精油加入攪勻後，分成兩鍋。

step 3　其中一鍋加入巧克力粉攪拌均勻。

step 1

step 2

step 3

step **5**　依序繞著皂球為中心刻出花朵形狀。

step **6**　完成第一圈接下來在兩個花瓣間再繼續刻第二圈花瓣,同樣方式在往下刻第三圈。

step **7**　刻好花形後,可用手指頭輕輕按壓使皂花平順,以免皂乾燥之後翹太高容易斷裂。

step **8**　即完成如向日葵般的皂花。

step 5

step 6

step 7

step 8

## 天使媽的小教室

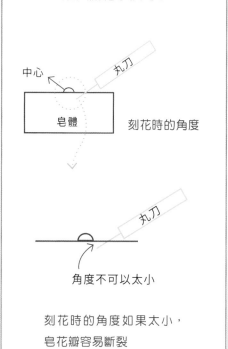

[ 雕太陽花小技巧 ]

中心　丸刀

皂體　　刻花時的角度

丸刀

角度不可以太小

刻花時的角度如果太小,
皂花瓣容易斷裂

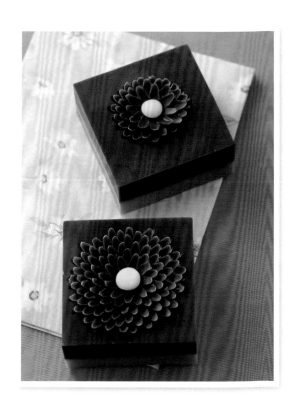

Part 5

創意點心皂

# 製作點心皂前的三大基底

點心皂的製作少不了蛋糕基底、奶油皂液以及可塑性極高,可用來製作裝飾花朵的皂土,這三大基底皂,只要學會了,就能隨心所欲變化出不同花樣的蛋糕點心皂。

## 1 奶油皂液

擠奶油是件很好玩的事,隨著不同的花嘴可擠出各種線條、花邊等裝飾,所以只要搞定這兩樣,就能變化出各種口味與不同造型的點心皂。

### 製皂方法

step 1 製作基礎皂液,先將配方油與鹼量秤好,並完成基礎打皂。

step 2 在鋼杯上放上烘焙袋之後平均分裝,一份不要超過 100 克,太大包擠奶油時會較吃力,如要調顏色可在這步驟添加色粉。

step 3 平均分裝好皂液之後,將烘焙袋子打結以免皂液流出。

step 4 再取一個三角烘焙袋,將花嘴放置烘焙袋裡面並用剪刀剪一開口,使花嘴的頭完整露出來。

step 5 如圖,備好花嘴袋與奶油皂液袋。

step 6 奶油皂液包前剪大約一公分的開口。

step 7 再將奶油皂液包放進有放置花嘴的烘焙袋裡。

step 8 奶油皂液包,備用。

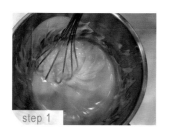
step 1

step 2

step 3

step 4

step 5

step 6-1

step 6-2

step 7

step 8

# 2 杯子蛋糕 皂底座

利用模具塑造不同款式與尺寸的基底，就像畫布一樣可任由發揮，搭配擠花與皂土的裝飾下，就是非常討喜的點心皂囉。

## 🧼 製皂方法

step 1　製作基本皂液，先將配方油與鹼量秤好後，做油鹼混合的基本打皂。

step 2　稍微攪拌後即可加入添加物，天然粉通常顆粒較大需過篩加入，這裡示範的是巧克力粉。

step 3　接著添加精油之後至 trace 完成基礎打皂。

step 4　倒入杯模，再入保溫箱中保溫。

step 1

step 2

step 3

step 4

# 3 皂土的製作

能捏能塑的的皂土，是製作花朵與裝飾不可或缺的配方，簡單的配方卻有很穩定的質地，在捏塑的過程中，可自行添加色料變化多種顏色的色土。在保存上可放入塑膠袋綁緊，要用時搓柔到皂土軟化即可。
( 製作過程參考 P123)

## 📋 準備原料

| A 油品 | 重量 (g) | 比例 (%) | 備註 |
|---|---|---|---|
| 椰子油 | 150 | 30 | |
| 棕櫚油 | 125 | 25 | |
| 橄欖油 | 225 | 45 | |
| 總油量 | 500 | 100 | |

| B 鹼水 | 重量 (g) | 備註 |
|---|---|---|
| 氫氧化鈉 | 75 | |
| 水 | 180 | 約鹼的 2.4 倍 |

| C 添加物 | 重量 (g) | 備註 |
|---|---|---|
| 薰衣草精油 | 10cc | |

| D 手工皂性質 | ☆☆☆☆☆ |
|---|---|
| 清潔力 Cleansing | ★★★★☆ |
| 起泡度 Bubbly | ★★☆☆☆ |
| 保濕力 Condition | ★★★☆☆ |
| 穩定度 Creamy | ★★☆☆☆ |
| 硬度 Hardness | ★★★★★ |

【天使媽媽小提醒】
如果天然色粉很難撥散，可以在量好配方由未加入鹼之前，先將粉加入油裡，等色粉均勻分散後再加入鹼水，如果再浸泡一會時間，顏色也會更加單色喔！

# 奶油擠花的基本練習

每次站在霜淇淋機台前，都有一種衝動想要自己擠擠看。擠奶油真的是一件很好玩的事，隨著力道、角度的不同，會產生不同的線條與大小。動手玩玩看吧，準備一個塑膠片或檔案夾。不用擔心練習的過程中擠的不好看或失敗了，就把皂液刮回去，再繼續練習，直到滿意為止，擠出來的花，可以直接放入保溫箱中保溫個一天，再依晾皂的時間，一顆一顆的收藏，拿來裝飾或直接用都不錯哦！

★手的握法：垂直點下，再輕拉起。
★手的角度：90 度

垂直點下，呈一顆丸狀，慢慢的拉起來。也可以擠大顆一點試試哦！

試試不同的花嘴，在收尾時，讓手的角度稍加傾斜些，花嘴拉起來之前，
先輕輕壓一下後再拉起花嘴，圖案的層次就會出現不同，練習看看吧！

**2**
**側拉練習**

★手的握法：把直點式的練習變成側邊練習。
★手的角度：手傾斜於 60 度

將手抓好皂液包後，先斜點式的擠出後，再沿邊慢慢往後拉。

**3**
**繞圓練習**

★手的握法：垂直點下，繞圈後再輕拉起。
★手的角度：90 度

以垂直方式先擠出，再以順時針或逆時針方向轉，轉到一圈結束後提起。
第二層同樣由中心點開始，繼續繞完一圈。

# 海芋蛋糕藝術皂

有著春天含羞待放之姿的海芋，因外形簡單卻又帶著優雅的花姿很受歡迎，
也是入門必學的花型。就讓輕柔又有型的海芋花，開始妝點我們的生活吧！

## 準備原料

| A 油品 | 重量 (g) | 比例 (%) | 備註 |
|---|---|---|---|
| 椰子油 | 150 | 30 | |
| 棕櫚油 | 125 | 25 | |
| 橄欖油 | 225 | 45 | |
| 總油量 | 500 | 100 | |

| B 鹼水 | 重量 (g) | 備註 |
|---|---|---|
| 氫氧化鈉 | 75 | |
| 水 | 180 | 約鹼的 2.4 倍 |

| C 添加物 | 重量 (g) | 備註 |
|---|---|---|
| 薰衣草精油 | 10cc | 精油添加量可自行斟酌，約油品 2% 即可 |

| D 手工皂性質 | ☆☆☆☆☆ |
|---|---|
| 清潔力 Cleansing | ★★★★☆ |
| 起泡度 Bubbly | ★★☆☆☆ |
| 保濕力 Condition | ★★★☆☆ |
| 穩定度 Creamy | ★★★☆☆ |
| 硬度 Hardness | ★★★★★ |
| INS 值 | 162.7 |

【準備工具】

● 圓型蛋糕模
● 擀麵棍
● 製作海芋的工具為一個愛心狀與一個圓椎型

## 製皂方法

第一階段：皂土製作

step 1　先將配方油與鹼量秤好完成基礎打皂，如要加顏色也可在這步驟添加色粉。

step 2　在鋼杯內放上烘焙袋，並將基礎皂液平均分裝後，將袋子打結，一份不要超過100 克，放入保溫箱保溫。

step 3　將皂土從烘焙袋取出用力捏軟，因為水分尚未完全蒸發會有點沾手，但是無礙。

step 4　捏軟之後，再放入密封袋保存，避免水分蒸發，並盡快使用完畢。

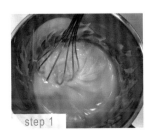

step 1

step 2

step 3

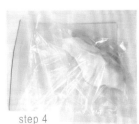

step 4

## 第二階段：製作蛋糕體與花型

step **5**　先將配方油與鹼量秤好後完成基礎打皂，入膜保溫一天後脫模，完成基底。

step **6**　取少量皂土，搓成圓型後放置矽膠膜上並鋪上保鮮膜。

step **7**　用擀麵棍將皂土擀平約 0.1cm，撕掉保鮮膜。

step **8**　將皂土薄片用愛心壓模壓出形狀。

step **9**　將多餘的皂土收集起來，並放入密封袋中以免水分蒸發。

step **10**　將壓好的愛心皂片，沿邊捏出弧度，使花邊較為柔和。

step **11**　將捏好花邊的愛心置於掌心上。

step **12**　將二側花瓣以圓錐輔助，往中心點包裹做出圓椎樣。

step **13**　將圓錐輔助器輕輕取出，以免花型變形，共需完成 17 朵。

step **14**　先將製作好的海芋沿著蛋糕邊緣擺放。

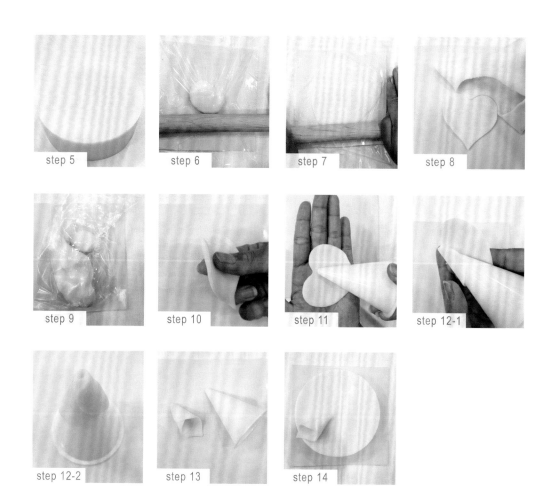

step **15** 花瓣的花尖處沿蛋糕皂體邊緣處滑順彎折。

step **16** 依序完成第一層約 10 朵海芋的擺放。

step **17** 接著用手指沾水，將海芋一朵一朵準確黏上於蛋糕體上。

step **18** 完成第一層的貼合後，在二朵之間再續黏第二層。並依花朵之間的空隙製作較小的海芋花朵。

step **19** 取一點皂土放入烘焙袋中並加入些許水，將袋子尾端打結後做搓揉直到皂與水融合均勻，作為黏合用皂土奶油包。

step **20** 將黏合用的皂土奶油擠在第二層海竿中間，做為黏著劑。

step **21** 將最後一朵小海芋放置蛋糕中間，海芋部分即完成。

step 15

step 16

step 17

step 18

step 19

step 20

第三階段：裝飾花蕊完成

step **22** 取少量皂土加入少許黃色色粉揉均勻，作為海芋的花蕊材料。

step **23** 將黃色皂土搓成長條狀，再取適當大小，一朵海芋一條。

step **24** 沾水將花蕊黏上花瓣上。海芋花朵之間則用皂土奶油包黏合。

step **25** 將蛋糕體綁上喜歡的緞帶及完成。

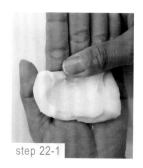
step 22-1

step 22-2

step 23

step 24

**天使媽的小教室**

皂土製作完成，建議至少放置一個禮拜到一個月再使用，以降低鹼度讓捏皂土時較不傷手。皂土製作可以使用自己喜愛的配方，如果沒有烘焙袋也可以使用一般透明塑膠袋裝，不過不建議太多，以免沒有使用完水份蒸發硬掉。

（這裡使用的蛋糕模為 11CM）

此海芋蛋糕皂作品不需要保溫，只需等將水分蒸發即可。

# 快樂小蜜蜂
# 杯子皂

花園裡忙碌辛勞的小蜜蜂最愛拈花惹草。圓滾滾的身材加上
小小的翅膀和尖尖的小尾巴，在花朵中更顯可愛模樣。

## 🖐 製皂方法

第一階段：製作皂土（利用剩餘的皂製作成皂土）

step 1    將黃色與巧克力皂的剩餘皂土收集起來，用力搓成一坨後，可當皂土備用。

step 2    將黃色皂土搓揉成橢圓型做為小蜜蜂身體。

step 3    將巧克力皂土搓成長條狀數條。

step 4    沾點水在黃色橢圓型身體上，將兩條巧克力長條皂體黏於黃色身體上。

step 5    用大頭針在橢圓身體尾部戳個小洞。

step 6    用巧克力皂土製作小尾巴沾水黏上。

step 7    搓 2 顆小圓當眼睛，水滴狀的翅膀。

step 8    沾水黏上，小蜜蜂即完成。

### 📷 天使媽的小教室

有時候在修整手工皂時會有剩餘的皂邊或是皂屑，趁水分
還沒蒸發時，收集搓成團，可當皂土使用哦！

## 第二階段：製作花朵

step 9　取少量皂土搓成圓型再放於矽膠膜上鋪上保鮮膜，用擀麵棍將皂土桿平約0.1cm。

step 10　使用花型餅乾切模切一大一小花型皂片。

step 11　在小片花瓣上以紫色黏土捏成小圓點做裝飾。

step 12　將小花瓣置於掌心上壓出圓弧型備用。

step 13　取些許皂土放入烘焙袋中並加入些水，將袋子尾端打結後做搓揉，直到皂與水融合均勻，作為黏合用皂土奶油包。( 作法請參考海竿蛋糕部分 )

step 14　取杯子蛋糕底座上方擠上黏合用的皂土奶油。

step 15　放上大片的花型皂片，並將凸出杯子蛋糕部分往下折。

step 16　在大片花型皂片上黏上紫色小圓點皂土做上裝飾。

step 17　在大片花型皂片上擠上黏合用的皂土奶油。

step 18　黏上小片的花型皂片，再擠上黏合的皂土。

step 19　擺上小蜜蜂即完成。

step 9　step 10　step 11　step 12
step 13　step 14　step 15　step 16
step 17　step 18　step 19

# 珍珠玫瑰
# 蛋糕皂

新手入門的杯子蛋糕，用來練習擠奶油的
效果非常好，由外向內，一顆顆渾圓飽滿
的水滴珍珠襯托出手捏玫瑰花的優美。

## 準備原料

| A 油品 | 重量 (g) | 比例 (%) | 備註 |
|---|---|---|---|
| 椰子油 | 100 | 20 | |
| 棕櫚油 | 125 | 25 | |
| 橄欖油 | 175 | 35 | |
| 白油 | 50 | 10 | |
| 米糠油 | 50 | 10 | |
| 總油量 | 500 | 100 | |

| B 鹼水 | 重量 (g) | 備註 |
|---|---|---|
| 氫氧化鈉 | 73 | |
| 水 | 170 | 約鹼的 2.4 倍 |

| C 添加物 | 重量 (g) | 備註 |
|---|---|---|
| 天竺葵精油 | 8cc | 精油添加量可自行斟酌，約油品 2% 即可 |
| 巧克力粉 | 25g | 添加至製作杯子底座部分 |
| 粉紅色色粉 | 0.25g | 添加至奶油擠花部分 |

| D 手工皂性質 | ☆☆☆☆☆ |
|---|---|
| 清潔力 Cleansing | ★★★☆☆ |
| 起泡度 Bubbly | ★★★★☆ |
| 保濕力 Condition | ★★★☆☆ |
| 穩定度 Creamy | ★★★☆☆ |
| 硬度 Hardness | ★★★★☆ |
| INS 值 | 148.1 |

【準備工具】
● 12 號圓型花嘴

## 製皂方法

第一階段：製作蛋糕皂主體

step 1　先完成製作巧克力杯子蛋糕的基本皂體。( 作法請參考 P119)

step 2　先捏好適當大小的玫瑰花皂備用。( 作法請參考手捏玫瑰花部分 P132)

第二階段：製作奶油皂液裝飾

step 3　量好配方，完成製作奶油皂液。並利用 12 號花嘴套入擠花袋中。( 作法請參考 P118)

step 4　準備好底座，手拿奶油皂液袋約 45 度角度由外向內，將尾巴往中間收，擠出一顆水滴狀的珍珠。

step 5　依序擠出第一圈的水滴珍珠。

step 3

step 4

step 5

step **6**　擠第二層珍珠之前，先將中間的空洞填滿。

step **7**　與第一層做法相同並擠滿一圈。

step **8**　擠第三層珍珠之前，同樣先將中間空洞填滿，再與步驟 5～7 相同做法擠滿一圈。

step **9**　完成三層擠花之後將預備好的玫瑰花放上中間。完成後，入保溫箱中保溫。

step 6

step 7

step 8-1

step 8-2

step 9

### 天使媽的小教室

這款擠花皂的造型可以運用不同圓型的擠花嘴製作出不同大小的珍珠，讓層次更有趣味，就算不放上玫瑰也非常漂亮，也可用利用顏色交叉設計，出來效果也很別緻。

---

**手捏 玫瑰花皂**

簡單利用圓形皂片堆疊出的玫瑰花，即使沒有擠花嘴輔助工具，也依然能讓玫瑰花朵朵盛開。

**A 款—速成玫瑰花：**

step **1**　將皂土揉勻，並揉成六顆小球後，捏成薄片做為玫瑰花瓣，選擇兩種顏色交錯。

step **2**　將花瓣由左至右重疊。並像捲蛋捲樣由左捲至右邊。

step **3**　捲成一朵玫瑰花。捲好之後將花朵下方捏緊。

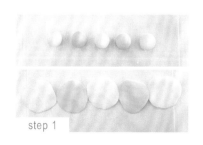
step 1

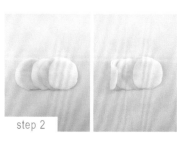
step 2

step 3

step 4    捏緊使花瓣更加牢固後,將花朵下方多餘的部分剪掉。

step 5    完成可愛的玫瑰花。

## B 款—簡易玫瑰花:

step 1    同樣將皂土柔均後搓成六顆小球,先取第一顆捏成薄片做為玫瑰花瓣。

step 2    將第一片花瓣由左至右像捲蛋捲一樣,做為玫瑰花芯。

step 3    將第二顆球製成第二片花瓣,再將花芯置於約花瓣的 1/3 處。

step 4    將花芯包覆起來。

step 5    花瓣黏緊之後將花瓣邊緣往外翻出自然的弧度。

step 6    接下來取第三顆球製作第三片玫瑰花瓣,與第二片同高並稍微重疊第二片固定好花瓣。

step 7    花瓣黏緊之後將花瓣邊緣往外翻出自然的弧度。

step 8    依照同樣做法依序將所有花瓣完成。

step 9    將花朵底部下方捏緊使花瓣更加牢固後,剪掉多餘的部分即完成。

# 心夾心
# 點心皂

以雙色皂土混合後，即可填上家裡用不到的烤盤塑型皂體，再擠上滿滿的奶油當夾心，也厚實了皂體，最後別忘了在表面做點綴哦！

## 準備原料

| A 油品 | 重量 (g) | 比例 (%) | 備註 |
|---|---|---|---|
| 椰子油 | 100 | 20 | |
| 棕櫚油 | 125 | 25 | |
| 橄欖油 | 175 | 35 | |
| 白油 | 100 | 20 | |
| 總油量 | 500 | 100 | |

| B 鹼水 | 重量 (g) | 備註 |
|---|---|---|
| 氫氧化鈉 | 73 | |
| 水 | 175 | 約鹼的 2.4 倍 |

| C 添加物 | 重量 (g) | 備註 |
|---|---|---|
| 薰衣草精油 | 8cc | 精油添加量可自行斟酌，約油品 2% 即可 |
| 藍色色粉 | 0.25g | 添加至奶油擠花部分 |

| D 手工皂性質 | ☆☆☆☆☆ |
|---|---|
| 清潔力 Cleansing | ★★☆☆☆ |
| 起泡度 Bubbly | ★★☆☆☆ |
| 保濕力 Condition | ★★★☆☆ |
| 穩定度 Creamy | ★★★★☆ |
| 硬度 Hardness | ★★★★★ |
| INS 值 | 156.2 |

【準備工具】
- 12 號花嘴 /2 號花嘴
- 現有造型烤盤

## 製皂方法

第一階段：製造基本皂體

step 1　依配方參考皂土製作，完成皂土後，先取一部分備用 ( 請參考 P123)，其它則加入綠茶粉柔勻備用。

step 2　取少許白色皂土與一點綠茶皂土做混合搓圓，兩色刻意不要搓柔太勻。( 皂土份量請依照自己購買的模子評估重量，這裡大約是 40g)

step 3　準備好不鏽鋼的愛心模，並在模子上鋪上一層保鮮膜固定好。

step 1

step 2

step 3

step 4 　　將戳好的球體放在已鋪好保鮮膜的模子上。

step 5 　　依照愛心的形狀押出愛心型的皂。

step 6 　　將皂輕輕剝取出來,一組愛心夾心皂需要兩片愛心。

## 第二階段 : 擠上奶油夾層

step 7 　　依配方,完成奶油皂液,並搭配 12 號花嘴。( 作法請參考 p118)

step 8 　　準備好第一片愛心皂片,以 45 度角拿奶油皂後由外向內,往底座中心收。擠出滴狀
　　　　　的顆珍珠。

step 9 　　依序擠出一圈珍珠並將中間的空洞填滿。

step 10 　將第二片愛心皂片對準下方的愛心之後疊上去即可。

step 11 　將擠完的皂液放入小許皂液至小鋼杯裡,並加入一小匙綠茶粉攪拌均勻。

step 12 　裝入烘焙袋裡並準備 2 號花嘴,以小水滴狀擠成一個小愛心形狀,即完成裝飾。

step 10

step 11

step 12-1

step 12-2

【天使媽媽小提醒】
* 如果模子不夠可以用皂土製作造型方法，解決沒有模子又可以快速做出數量多的造型皂，不過模子必須是硬的會比較好操作。
* 此款添加的綠茶粉雖然添加在皂土，也是會隨時間退色的喔！如果擔心退色問題，可以用皂用色粉喔！

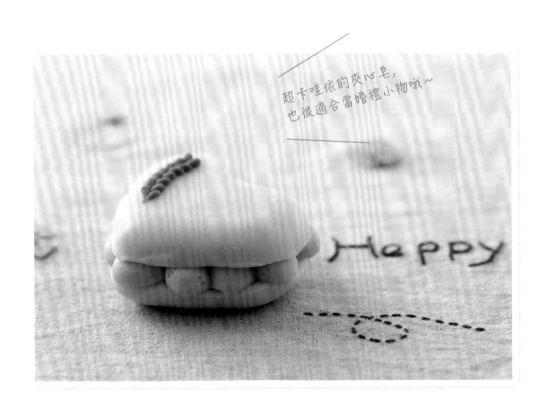

超卡哇依的夾心皂，
也很適合當婚禮小物哦～

# 奶油蝴蝶
# 點心皂

利用甜筒冰淇淋的擠繞法，讓視覺有了雙重享受，
創意的發想，色彩的搭配，以及力度的拿捏，都是
件很有趣的事，不用擔心擠的不好看，最後的蝴蝶
結讓一切都完美了。

## 準備原料

| A 油品 | 重量 (g) | 比例 (%) | 備註 |
|---|---|---|---|
| 椰子油 | 75 | 15 | |
| 棕櫚油 | 125 | 25 | |
| 澳洲胡桃油 | 200 | 40 | |
| 蓖麻油 | 35 | 7 | |
| 米糠油 | 65 | 13 | |
| 總油量 | 500 | 100 | |

| B 鹼水 | 重量 (g) | 備註 |
|---|---|---|
| 氫氧化鈉 | 72 | |
| 水 | 170 | 約鹼的 2.4 倍 |

| D 手工皂性質 | ☆☆☆☆☆ |
|---|---|
| 清潔力 Cleansing | ★☆☆☆☆ |
| 起泡度 Bubbly | ★★☆☆☆ |
| 保濕力 Condition | ★★★★☆ |
| 穩定度 Creamy | ★★★☆☆ |
| 硬度 Hardness | ★★★☆☆ |
| INS 值 | 138.3 |

| C 添加物 | 重量 (g) | 備註 |
|---|---|---|
| 檸檬香茅精油 | 5cc | 精油添加量可自行斟酌，約油品 2% 即可 |
| 香蜂草精油 | 5cc | |
| 巧克力粉 | 25g | 添加至製作杯子底座部分 |
| 群青粉 | 1g | 添加至奶油擠花部分 |
| 綠色礦泥粉 | 3g | 添加至奶油擠花部分 |

【準備工具】
● 824 花嘴

## 製皂方法

### 第一階段：杯子蛋糕的基本底座製作
step 1　先完成製作杯子底座的基本操作並添加巧克力粉。( 作法請參考 P119)

### 第二階段：蝴蝶結製作
step 2　先備好皂土備用。( 作法請參考皂土製作部分 P123)

step 3　取出一小塊皂土揉成圓形後，放在矽膠墊上並以保鮮膜蓋上。再用擀麵棍桿成薄片。

step 3-1

step 3-2

step 4　將黏在保鮮膜上的皂薄片輕輕取下。

step 5　用剪刀剪裁出蝴蝶結所需的緞帶型狀。如圖。

step 6　先製作蝴蝶結的兩側打結處，先將長形皂片對摺。

step 7　保持對摺的圓弧狀，並將一端兩側往中間捏合。

step 8　完成蝴蝶結的兩側結。

step 9　接著再將長條皂片從兩側結中間繞一圈。其它二條緞帶再用水黏於下方，蝴蝶結
　　　　即完成，製作數個備用。

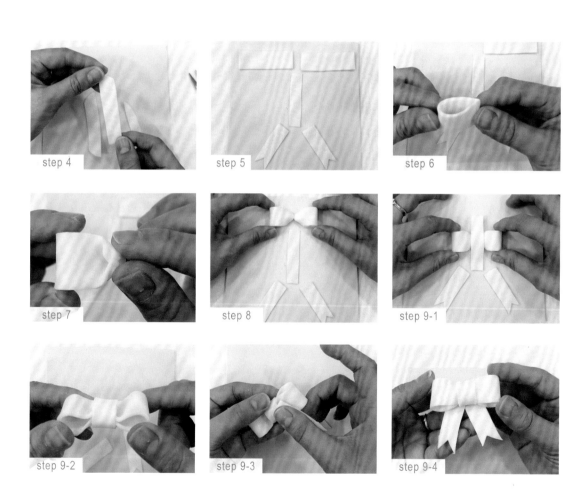

## 第三階段：奶油皂液製作

step 10　量好配方完成基礎皂液至完成。並用杯子內套入烘焙袋，再裝入皂液。( 參考示範 P118)

step 11　奶油擠花皂液一包添加群青粉、一包添加綠色礦泥粉，一包使用原色。

step 12　將烘焙袋放置鋼杯中，並將三色分別擠入袋子中。

step 13　之後將袋子後端打結，前端剪約 1.5cm 開口，放入準備好的花嘴袋中。

step 14　準備好底座，手拿奶油皂液，花嘴角度必須垂直由中心擠出奶油皂液往外繞圈一圈。

step 15　在第一圈中心開始擠第二圈奶油皂液往外繞一圈，第二圈略比第一圈小一點。

step 16　依序將蝴蝶結放上即完成，並放入保溫箱保溫一天。

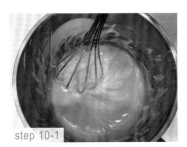
step 10-1

step 10-2

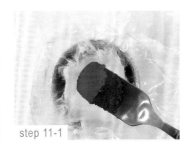
step 11-1

step 11-2

step 12

step 13

step 14

step 15

step 16

# 奶油夾心
# 餅乾皂

大量的奶油能療癒心情,利用圓型花嘴擠出飽滿的奶油
皂坨夾在厚實的餅乾裡,那甜甜的滋味,就要滿溢出來。
最後的一層奶油是完美的收尾,可別忘了點綴哦!

## 準備原料

| A 油品 | 重量 (g) | 比例 (%) | 備註 |
|---|---|---|---|
| 椰子油 | 75 | 15 | |
| 棕櫚油 | 75 | 15 | |
| 橄欖油 | 250 | 50 | |
| 可可脂 | 100 | 20 | |
| 總油量 | 500 | 100 | |

| B 鹼水 | 重量 (g) | 備註 |
|---|---|---|
| 氫氧化鈉 | 71 | |
| 水 | 170 | 約鹼的 2.4 倍 |

| D 手工皂性質 | ☆☆☆☆☆ |
|---|---|
| 清潔力 Cleansing | ★☆☆☆☆ |
| 起泡度 Bubbly | ★☆☆☆☆ |
| 保濕力 Condition | ★★★★★ |
| 穩定度 Creamy | ★★★★☆ |
| 硬度 Hardness | ★★★★☆ |
| INS 值 | 146.4 |

| C 添加物 | 重量 (g) | 備註 |
|---|---|---|
| 伊蘭伊蘭精油 | 2cc | 精油添加量可自行斟酌，約油品 2% 即可 |
| 馬鞭草精油 | 8cc | |
| 巧克力粉 | 10g | 添加至製作餅乾皂體部分 |
| 紫色色粉 | 0.25g | 添加至製作餅乾皂體部分 |
| 綠色色粉 | 0.25g | 添加至製作餅乾皂體部分 |

【準備工具】

● 12 號圓形擠花嘴
● 三角擠花袋
● 3 個分色杯 ( 咖啡色、紫色、綠色 )

## 製皂方法

第一階段：3 色夾層餅乾製作

step 1　依基本打皂法，將皂液打到 light trace 的狀態後，調入精油。

step 2　依設定的顏色分杯調色。取 3 個量杯倒入少許皂液。依設定的顏色分三杯調色。

取量杯倒入少許皂液。一杯調成巧克力色，並入第一模完成巧克力薄片。

step 3　另兩杯則分別用少許綠色與紫色調成有色皂液。

step 1

step 3-1

step 3-2

step 4 紫色皂液先用電動小幫手稍打一下，可加速入皂液凝固。入第二模後，靜置 10 ～ 15 分待皂體變硬。

step 5 檢查紫色皂體是否變硬，再準備倒入第二層的綠色皂液，記得一定要用刮刀讓皂液慢慢流入，否則太大力是會破壞第一層的平整度。

step 6 完成二層夾心餅乾的基本皂體。並將第一、二模放入保溫箱內保溫 1 天。

step 7 將夾心餅乾的皂體取出，平均切成約 6 公分寬的皂片。

step 4

step 5

step 6

step 7-1

step 7-2

第二階段：製作奶油皂液

step 8 再來打一鍋擠花的奶油皂液。量好配方依基本打皂法，將皂液打到 light trace 的狀態，調入精油。

step 9 準備 12 號的奶油擠花嘴與 2 個擠花袋，一個先倒入皂液綁緊，並將皂液往前擠，後端最好綁好固定，以免擠時，皂液亂跑。另一個則套入擠花嘴。

step 10 將皂液包套入擠花嘴袋內。

step 11 手握在袋子尾端，擠時，花嘴請垂直往上拿。

step 12 在 6 公分寬旳餅乾體上，一排可擠 4 顆奶油。

step 13 依序將餅乾的奶油擠滿後，蓋上巧克片。

step 14 同步驟 12 再依序擠滿奶油。

step **15** 　利用剩餘的皂液調成紫色，利用擠花袋剪開小小的洞。

step **16** 　在奶油上擠上可愛的小圓球當裝飾。

step **17** 　還可擠上綠葉哦！(使用皂土製作) 即完成，入模保溫。

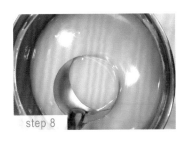
step 8

step 9

step 10

step 11

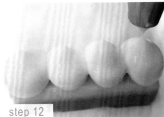
step 12

step 13

step 14

step 15

step 16

step 17

### 天使媽的小教室

量杯內裝入少許皂液再加入色粉調色，這樣的好處是色彩容易調勻，也不容易使色粉結塊留下顆粒。攪勻後，再倒入剩餘所需量的皂液。例如，我們需要 50cc 的巧克力色液，可先取 10cc 來調和色粉，調和好後再將剩餘的 40cc 皂液調入。

基本皂體放入保溫箱內保溫 2 天再打開取出，太早打開會容易使皂產生白粉。

step 3    將每一色皂體各切 4 片，可依序疊起來以免黏著時黏錯。

step 4    用毛刷沾水在皂薄片的表面上均勻塗水。

step 5    刷一層黏一層，依序將皂薄片黏妥後，靜置不動。

step 6    皂薄片確認不會移動後，可利用修皂器將周邊不齊的部分修整。

step 1

step 2

step 3

step 4

step 5-1

step 5-2

step 6

## 第二階段：製造夾心

step 7     製作少量皂土。( 作法請參考 p123 頁 )

step 8     將皂土搓成長條狀數條，並在底下放置保鮮膜。

step 9     用水彩筆沾少量備長炭粉在皂土上。

step 10    使整條皂土裹上薄薄一層備長炭粉。

step 7

step 8

step 9

step 10

第三階段：裝飾與完成

step **11**　製造基礎奶油皂液包。(參考示範 P118)

step **12**　在先前製作好的千層皂上，以直條式擠上薄薄奶油。

step **13**　少量放上竹炭皂條 ( 邊放邊擠奶油 )。

step **14**　邊放置竹炭皂條，邊擠奶油直到平均放滿整個竹炭條後用刮刀刮平整。

step **15**　刮刀刮平整之後，以圓形方式擠上奶油做裝飾。並放入保溫箱保溫一天後，即可脫模
切皂片。

step 11

step 12

step 13-1

step 13-2

step 14

step 15-1

step 15-2

擠上滿滿的奶油餡，
形成另一種美麗的花紋哦！

# 甜在心扉
# 點心皂

為了婚禮特別製造的小點心皂，充滿了期待的小心意，除了層疊的皂體外，表面的淋皂和刮下來的巧克力片裝點出製皂者的巧思。讓這分甜可以甜到心崁裡。

## 準備原料

| A 油品 | 重量 (g) | 比例 (%) | 備註 |
|---|---|---|---|
| 椰子油 | 100 | 20 | |
| 棕櫚油 | 125 | 25 | |
| 橄欖油 | 240 | 48 | |
| 篦麻油 | 35 | 7 | |
| 總油量 | 500 | 100 | |

| B 鹼水 | 重量 (g) | 備註 |
|---|---|---|
| 氫氧化鈉 | 72 | |
| 水 | 175 | 約鹼的 2.4 倍 |

| D 手工皂性質 | ☆☆☆☆☆ |
|---|---|
| 清潔力 Cleansing | ★★☆☆☆ |
| 起泡度 Bubbly | ★★☆☆☆ |
| 保濕力 Condition | ★★★☆☆ |
| 穩定度 Creamy | ★★★★☆ |
| 硬度 Hardness | ★★★★☆ |
| INS 值 | 146.8 |

| C 添加物 | 重量 (g) | 備註 |
|---|---|---|
| 巧克力粉 | 25g | 一份 500 克油添加 25g 巧克力粉 |
| 紅麴粉 | 10g | 一份 500 克油添加 25g 紅麴粉 |
| 迷迭香精油 | 3cc | 精油添加量可自行斟酌，約油品 2%即可 |
| 葡萄柚精油 | 5cc | |
| 羅勒精油 | 2cc | |

## 製皂方法

第一階段：製作蛋糕主題

step 1　先完成基礎打皂，分成二份後別各添加巧克力粉與紅麴粉，脫模約放置一天讓水分稍微蒸發之後備用。

step 2　製做皂薄片並黏成分層（皂薄片高度可以自行決定），並修整皂邊。{ 步驟參考千層蛋糕皂步驟 }

step 3　使用切皂器將皂切成 4x5cm 數塊。

step 4　取皂土少許，並加入少許紅色色粉揉勻。

step 2

step 3

step 4

step 5 　分別揉成小圓珠備用。

step 6 　取一巧克力皂先用水果刀削出小薄片，捲成捲捲狀被備用。

step 5

step 6-1

step 6-2

## 第二階段：製作裝飾奶油

step 7 　量好配方，完成製作奶油皂液，並在奶油皂液包前剪一約 0.3cm 的開口。( 作法請參考 p118)

step 8 　在步驟 3 切好的皂塊上周圍輕輕擠上皂液。

step 9 　再輕輕用手拿起皂上下震動使皂液輕微流下。

step 10 　之後再將皂塊上方填滿奶油，並用小竹籤整理平順。

step 11 　依序完成奶油裝飾。

step 12 　接著將步驟 5 與 6 揉好的小圓珠與巧克力捲片放上。即完成。可放入保溫箱中保溫一天再取出。晾皂。

step 7

step 8

step 9

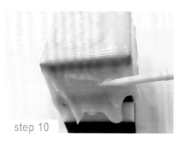
step 10

step 11

# 多肉植物
# 杯子皂

顏色的變換能創造出不同質感的點心皂，星型的花嘴正好展現帶刺的多肉皂體，點綴上正盛開的小花，也是別具一番趣味。

| A 油品 | 重量 (g) | 比例 (%) | 備註 |
|---|---|---|---|
| 椰子油 | 100g | 20 | |
| 棕櫚油 | 125g | 25 | |
| 橄欖油 | 175g | 35 | |
| 白油 | 50g | 10 | |
| 米糠油 | 50g | 10 | |
| 總油量 | 500g | 100 | |

| B 鹼水 | 重量 (g) | 備註 |
|---|---|---|
| 氫氧化鈉 | 72 | |
| 水 | 175 | 約鹼的 2.4 倍 |

| D 手工皂性質 | ☆☆☆☆☆ |
|---|---|
| 清潔力 Cleansing | ★★★☆☆ |
| 起泡度 Bubbly | ★★★★☆ |
| 保濕力 Condition | ★★★☆☆ |
| 穩定度 Creamy | ★★★☆☆ |
| 硬度 Hardness | ★★★☆☆ |
| INS 值 | 148.1 |

| C 添加物 | 重量 (g) | 備註 |
|---|---|---|
| 茶樹精油 | 8cc | 精油添加量可自行斟酌，約油品 2% 即可 |
| 巧克力粉 | 25g | 添加至製作杯子底座部分 |
| 綠色色粉 | 0.25g | 添加至奶油擠花部分 |

【準備工具】
- 杯子模型
- 星型擠花嘴
- 三角擠花袋
- 3 個分色杯 ( 咖啡色、本色、綠色 )

## 製皂方法

**第一階段：杯子蛋糕製作**

step 1　先完成製作杯子底座的基本操作並添加巧克力粉，製作杯體。( 作法請參考 P119)

step 2　準備好皂土備用。( 作法請參考 P123)

**第二階段：奶油花製作**

step 3　完成基礎打皂與奶油皂液包。( 作法請參考 P118) 並利用分色杯先分出約 80 ～ 100 公克的原色皂液。其它則可調成綠色。

step 4　取一個烘焙袋裝入原色皂液，袋口剪洞約 1 公分，將尾端打結。

step 5　利用擠花袋，將綠色皂液裝入後綁緊。

step 6　另一擠花袋則套入花嘴。

step 7　將綠色皂液袋，套入花嘴袋內。

step 4

step 5

step 6

step 7

第三階段：多肉植物製作

step 8　準備好底座，在杯子底座中間先擠上原色奶油皂液做為基底。

step 9　沿著基底奶油擠上一圈小星。

step 10　由下往上，擠上小星星，完成多肉的杯子皂。

step 9-1

step 9-2

step 10-1

step 10-2

第四階段：小花製作

step **11** 製作多肉花朵，將皂土取一小坨，搓成胖水滴。由頂端剪 4 等份。

step **12** 將 4 等份撥開，再稍加捏平塑出花型。剪掉多餘的花梗部分。

step **13** 將皂花直接做為裝飾。並點上花蕊。

step **14** 可在周圍隨意點上裝飾。

step **15** 完作可愛多肉擠花皂杯。入模保溫。

step 11-1

step 11-2

step 12

step 13-1

step 13-2

step 14

step 15

可愛討喜的外型，
不管到那都是超
受歡迎。

# 小花提籃
# 杯子皂

裝著滿滿祝福的小提籃，是送禮中很受歡迎的一款
皂，在杯子糕上利用擠花嘴的花型填滿整個杯面，
再加上彩珠的點綴後裝上提把，祝福提著走！

# 波堤
# 甜甜圈皂

一顆顆渾圓飽滿的花型甜甜圈,淋上繽紛的糖霜,再點綴上相疊的愛心,為溫馨的幸福感,打造視覺上滿滿的濃情蜜意氛圍。

## 準備原料

| A 油品 | 重量 (g) | 比例 (%) | 備註 |
|---|---|---|---|
| 椰子油 | 100g | 20 | |
| 棕櫚油 | 125g | 25 | |
| 橄欖油 | 175g | 35 | |
| 杏桃核仁油 | 100g | 20 | |
| 總油量 | 500g | 100 | |

| B 鹼水 | 重量 (g) | 備註 |
|---|---|---|
| 氫氧化鈉 | 72 | |
| 水 | 170 | 約鹼的 2.4 倍 |

| C 添加物 | 重量 (g) | 備註 |
|---|---|---|
| 山雞椒精油 | 8cc | 精油添加量可自行斟酌，約油品 2%即可 |
| 茶樹精油 | 2cc | |
| 藍色色粉 | 0.25g | 添加至淋面的皂液部分 |
| 粉紅色色粉 | 0.25g | 添加至淋面的皂液部分 |

| D 手工皂性質 | ☆☆☆☆☆ |
|---|---|
| 清潔力 Cleansing | ★★☆☆☆ |
| 起泡度 Bubbly | ★★☆☆☆ |
| 保濕力 Condition | ★★★★★ |
| 穩定度 Creamy | ★★★★☆ |
| 硬度 Hardness | ★★★★☆ |
| INS 值 | 144.2 |

## 製皂方法

第一階段：甜甜圈製作

step 1　量好基本皂土的配方後，完成皂土部分。( 請參照 P123 皂土製作 )

step 2　皂土成型後，將其分割成每個 15 克的小皂坨備用。

step 3　將每 15 克皂土搓成圓球。

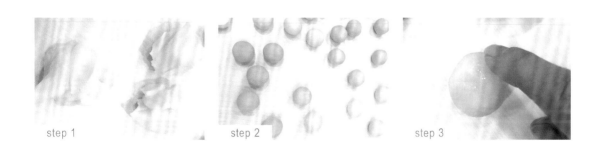

step 1　　　　　　step 2　　　　　　step 3

step 4　接下來，在圓球上抹水連接皂球用。

step 5　先分別將兩顆兩顆黏好。

step 6　將兩顆兩顆和一顆一起黏合。

step 7　將黏好的波堤放置網架上，並在底下放上盤子備用。

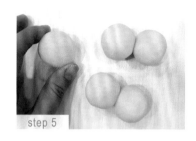
step 5

step 6

step 7

第二階段：調製糖霜皂液

step 8　製作基礎奶油皂液，並調好喜愛的顏色 ( 作法請參考 P118)

step 9　使用湯匙取少許皂液淋在波堤皂上，再用小湯匙調整皂液淋下來的動態感。

step 10　將波堤上方塗滿皂液時，可將整個盤子拿起來輕敲幾下。

step 11　皂液會隨著敲的力道往下流動，波堤上的皂液會逐漸平整滑順，此時多的皂液也會
　　　　流至盤子上。

step 8

step 9

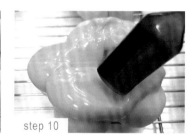
step 10

step 11-1

step 11-2

step **12**　取剩餘少許皂液調色完成兩色奶油皂液，並在烘焙袋上剪約 0.2cm 開口。

step **13**　擠上喜愛小愛心圖案。

step **14**　完成裝飾後，即可放入保溫箱保溫。

step 12

step 13

step 14

**天使媽的小教室**

波堤皂上面淋的皂液必須較濃稠，如果不夠濃稠淋面時皂液
會流動太快並且覆蓋的皂液會太薄。
可愛的小波堤，可以依個人喜好調整顆數和大小，會更有趣。

波堤甜甜圈皂

# 俏老鼠數字
# 杯子蛋糕皂

這一款結合數字模做出來杯子蛋糕,最適合用在生日派對或是值得紀念的日子裡上。幸福的開始數著 123 那簡單的裝飾也能營造令人歡樂感動的氣氛。

## 準備單

| A 油品 | 重量 (g) | 比例 (%) | 備註 |
|---|---|---|---|
| 椰子油 | 75 | 15 | |
| 棕櫚油 | 100 | 20 | |
| 榛果油 | 200 | 40 | |
| 乳油木果脂 | 75 | 15 | |
| 芥花油 | 50 | 10 | |
| 總油量 | 500 | 100 | |

| B 鹼水 | 重量 (g) | 備註 |
|---|---|---|
| 氫氧化鈉 | 71 | |
| 水 | 170 | 約鹼的 2.4 倍 |

| D 手工皂性質 | ☆☆☆☆☆ |
|---|---|
| 清潔力 Cleansing | ★☆☆☆☆ |
| 起泡度 Bubbly | ★☆☆☆☆ |
| 保濕力 Condition | ★★★★★ |
| 穩定度 Creamy | ★★★★☆ |
| 硬度 Hardness | ★★☆☆☆ |
| INS 值 | 128.3 |

| C 添加物 | 重量 (g) | 備註 |
|---|---|---|
| 尤加利精油 | 4cc | 精油添加量可自行 |
| 甜橙精油 | 4cc | 斟酌，約油品 2% |
| 安息香精油 | 2cc | 即可 |
| 巧克力粉 | 25g | 添加至製作杯子底座部分 |
| 藍色色粉 | 0.25g | 添加至裝飾數字上 |

【準備工具】
● 數字模
● 824 擠花嘴

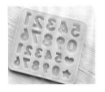

## 製皂方法

第一階段：製造杯體

step 1　先完成添加巧克粉後的基本杯子蛋糕底座的製作。並以數字模製作出數字備用。
（作法請參考 P119）

step 2　利用吐司模，在製作杯子蛋糕前，可倒入些巧克力皂液，保溫一天，製作出巧克力皂薄片。

step 1

step 2-1

step 2-2

step 3　保溫好的皂片，取出稍微晾乾，在利用小圓形的壓模壓出所需老鼠的耳朵備用。

step 3-1　step 3-2　step 3-3

## 第二階段 : 奶油皂液

step 4　量好配方，打皂並完成至濃稠狀，完成基礎奶油皂液，並調好喜愛的顏色裝入擠花袋中 ( 作法請參考 P118)。

step 5　準備好底座，手拿奶油皂液，花嘴角度必須垂直由中心擠，再往外繞圈。

step 6　一共兩圈，第二圈奶油皂液尾巴往底座中心收，第二圈略比第一圈小一點。

step 7　依序將老鼠的耳朵分別插與奶油擠花的兩側。

step 8　再擺上壓出來的數字做裝飾，並放入保溫箱保溫一天。

step 4　step 5　step 6-1

step 6-2　step 7　step 8

# 植物性油脂的皂化價與 INS 值

| 油脂種類 | 英文名 | 氫氧化鈉 /NaOH | 氫氧化鉀 /KOH | INS 值 |
|---|---|---|---|---|
| 椰子油 | Coconut | 0.183 | 0.256 | 258 |
| 棕櫚油 | Palm | 0.141 | 0.1974 | 145 |
| 橄欖油 | Olive | 0.134 | 0.1876 | 109 |
| 月桂果油 | Laurel Berry | 0.135 | 0.19 | 80 |
| 葵花籽油 | Sunflower seed | 0.134 | 0.1876 | 63 |
| 芥花油 | Canola I(org) | 0.1324 | 0.1856 | 56 |
| 葡萄籽油 | Grapeseed | 0.1265 | 0.1771 | 66 |
| 芝麻油 | Sesame seed | 0.133 | 0.1862 | 81 |
| 山茶花 | Camellia | 0.1362 | 0.191 | 108 |
| 荷荷芭油 | Jojoba | 0.069 | 0.966 | 11 |
| 米糠油 | Rice bran | 0.128 | 0.1792 | 70 |
| 蓖麻油 | Castor | 0.1286 | 0.18 | 95 |
| 甜杏仁油 | Almond,sweet | 0.136 | 0.194 | 97 |
| 酪梨油 | Avocado | 0.1339 | 0.1875 | 99 |
| 小麥胚芽 | Wheatgerm | 0.131 | 0.1834 | 58 |
| 榛果油 | Hazelnut | 0.1356 | 0.1898 | 94 |
| 澳洲胡桃油 | Macadamia | 0.139 | 0.1946 | 119 |
| 夏威夷核果 | Kukui nut | 0.135 | 0.189 | 24 |
| 杏桃核仁油 | Apricot kernel | 0.135 | 0.189 | 91 |
| 月見草油 | Evening primose | 0.1357 | 0.19 | 30 |
| 乳油木果脂 | Shea butter | 0.128 | 0.1792 | 116 |
| 可可脂 | Cocoa butter | 0.137 | 0.1918 | 157 |
| 花生油 | Peanut | 0.136 | 0.1904 | 99 |
| 大豆油 | Chinese bean | 0.135 | 0.189 | 61 |
| 蜂蠟、蜜蠟 | Beeswax | 0.069 | 0.966 | 84 |
| 白油 | Shortening(veg.) | 0.136 | 0.1904 | 115 |
| 回鍋油 | | 0.14 | 0.196 | |

Angelmama's
Handmade soap

你 可以手創你的

# 生活態度

- 面膜土原料
- 保養品原料
- 手工皂原料
- 蠟燭原料

手工皂／保養品 基礎班&進階班

**熱烈招生中**

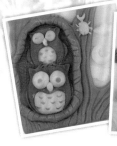     

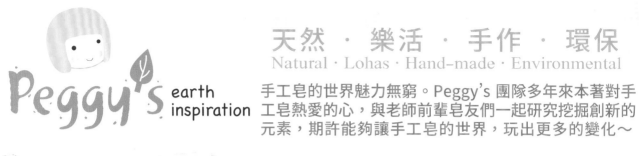

# 天然 · 樂活 · 手作 · 環保
## Natural · Lohas · Hand-made · Environmental

手工皂的世界魅力無窮。Peggy's 團隊多年來本著對手工皂熱愛的心，與老師前輩皂友們一起研究挖掘創新的元素，期許能夠讓手工皂的世界，玩出更多的變化～

(本作品為天使媽媽示範，調色使用 Peggy's 皂用色粉 - 大地色系

## Peggy's 手工皂模具 / 手作蠟燭 / 保養 / 香磚 DIY 原料專售店

**DIY 原料** 純植物油 / 純精油 / 香精 / 植物粉 / 原料 / 專業色粉 / 色液 / 專用色蠟

**專業工具** 壓克力精品級皂章客製服務 / 專業蓋章壓台 / 切皂器 / 修皂器 /

**手作模具** 壓克力皂模 / 圓型管模 / 矽膠吐司模具 / 造型模 / 韓國管模 / 壓花墊

**手作包裝材料** 專屬禮盒 / 皂條腰封 / 包裝袋 / 包皂紙 / 貼紙

★ Peggy's shop on-line 專屬賣場：
  http：//www.shop2000.com.tw/peggy0
★ blog：http://peggy0713.pixnet.net/bl
★ FaceBook 粉絲團：
  https：//www.facebook.com/peggys.so
★ 客服信箱：peggy035@ms78.hinet.net
★ 客服電話：0900-632012